高等职业教育新形态系列教材

气压与液压传动技术

吴　敏　张海英　主　编

王　劲　副主编

北京理工大学出版社

BEIJING INSTITUTE OF TECHNOLOGY PRESS

内 容 简 介

本书针对高职教学特点，以对学生进行气动、液压技术技能训练为目标，采用活页式工作手册形式，主要内容包括气动基本回路安装与调试、电子气动控制回路安装与调试、气动与 PLC 控制回路安装与调试、液压系统的安装与调试四个项目，每个项目下设置多个学习任务，每个任务均采用"任务驱动"的模式组织内容，每个任务结合工程实际，选用丰富多样的示例，通过回路设计、仿真、安装、调试等训练学生的动手能力和解决问题的能力。

本书可作为高等院校、高职院校机电一体化技术、模具设计与制造、机械制造及自动化等机电类专业及相关专业的教材，也可作为相关专业职业培训用书。

图书在版编目（CIP）数据

气压与液压传动技术 / 吴敏，张海英主编. -- 北京：
北京理工大学出版社，2022.4（2022.5 重印）
ISBN 978 - 7 - 5763 - 1268 - 3

Ⅰ . ①气… Ⅱ . ①吴… ②张… Ⅲ . ①气压传动 - 高
等职业教育 - 教材②液压传动 - 高等职业教育 - 教材
Ⅳ . ①TH13

中国版本图书馆 CIP 数据核字（2022）第 066090 号

出版发行 / 北京理工大学出版社有限责任公司
社　　址 / 北京市海淀区中关村南大街 5 号
邮　　编 / 100081
电　　话 / （010）68914775（总编室）
　　　　　（010）82562903（教材售后服务热线）
　　　　　（010）68944723（其他图书服务热线）
网　　址 / http：//www.bitpress.com.cn
经　　销 / 全国各地新华书店
印　　刷 / 河北盛世彩捷印刷有限公司
开　　本 / 787 毫米 × 1092 毫米　1/16
印　　张 / 15.75　　　　　　　　　　　　　　　责任编辑 / 多海鹏
字　　数 / 331 千字　　　　　　　　　　　　　　文案编辑 / 多海鹏
版　　次 / 2022 年 4 月第 1 版　2022 年 5 月第 2 次印刷　　责任校对 / 周瑞红
定　　价 / 45.00 元　　　　　　　　　　　　　　责任印制 / 李志强

前　言

　　本书结合高等职业教育的特点及机械、机电类专业的人才培养目标和职业教育教学改革实践经验，本着"理论知识必需够用为度、培养实践技能、重在技术应用"的原则编写而成。本书的编写是以切实培养和提高高等职业院校机电类专业学生的职业技能为目的，突出实用性和针对性，不拘泥于理论研究，注重理论与实际应用相结合，强调应用能力的培养。本书可作为高等职业院校机电、机械类相关专业的通用教材，也可作为气动、液压技术相关培训的培训教材及有关工程技术人员工作的参考书。

　　本书的编写的目的是使学生学以致用，提高学生的动脑与动手能力，即学生在课堂上学习了基本理论知识后，能够用计算机软件进行模拟仿真设计，再到实训室用真实的元件对自己设计的系统进行组装。通过实训项目的训练，提高学生的动手能力，使学生在进入企业后能够快速适应，并快速成为具有实干能力的工程技术人员，我们建议本门课程的理论与实训的课时分配为 1∶2。

　　气动与液压技术在现代工业系统，特别是机电一体化行业中得到了越来越广泛的应用，本书包括大量的实训项目训练，以帮助读者能够对气动、液压系统进行分析、设计、使用和一般的维护。

　　本书由宁波职业技术学院副教授吴敏、副教授张海英担任主编，宁波职业技术学院副教授王劲担任副主编，其中吴敏负责编写项目一和项目二，张海英负责编写项目三，王劲负责编写项目四。

　　本书在编写过程中得到许多专家的指点和帮助，在此表示衷心的感谢。由于水平有限，书中难免存在不足之处，请广大读者批评指正。

编　者

目　　录

项目一　气动基本回路安装与调试

教学目标

一、知识目标

（1）了解各类气动元件的基本结构和工作原理；

（2）掌握气动系统常用回路的基本工作原理、工作特性以及气动系统常用回路的基本工作特性；

（3）理解典型气动系统的工作原理，并具备分析气动系统的方法；

（4）掌握气动元件的基本选择方法，并具有初步的系统调试和故障分析能力。

二、能力目标

（1）认识各种元件的职能符号，并具有绘制各种元件职能符号的能力；

（2）具备认识各种气动元件的能力；

（3）能正确分析各常用元件的工作原理；

（4）能读懂用元件职能符号画出的系统原理图；

（5）能正确分析气动系统的组成和工作原理；

（6）能按照给定的气动原理图进行元件的选择；

（7）能按照给定的气动原理图进行回路的正确安装和简单调试。

（8）具备各种气动元件的基本装配方法、装配技术和装配组织形式的选择与应用能力；

（9）具备运用通用、常用工具进行元件安装、拆卸的能力；

（10）具备运用通用紧固工具和测量工具进行设备装配的能力；

（11）具备设备调整和试车的能力；

（12）具备正确诊断和排除设备故障的基本能力。

三、素质目标

（1）具备容忍、沟通能力，能够协调人际关系，适应社会环境；

（2）具有较强的专业表达能力，能用专业术语口头或书面表达工作任务；

（3）具备自我学习能力和良好的心理承受能力；

（4）养成团队合作、认真负责的工作作风，能够独立寻找解决问题的途径；

（5）养成遵守工艺、劳动纪律和文明生产的习惯；

（6）积极做好7S活动，具备良好的作业习惯。

任务1.1　气缸直接控制回路的安装与调试

任务目标

（1）了解气缸的种类及工作原理；

（2）掌握气缸的职能符号及表示方法；

（3）能根据动作要求设计出分配装置的控制回路；

（4）掌握气动直接控制回路的分析及连接方法。

任务引入

分配装置将铝盒推至工作站中，按下按钮，单作用气缸（1A）的活塞杆伸出，当松开按钮后，活塞杆缩回。其示意图如图1-1-1所示。

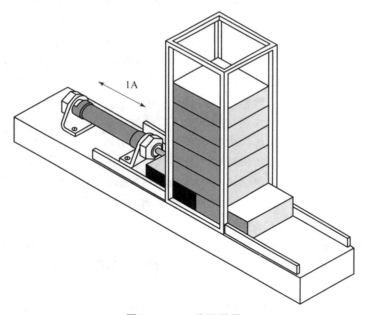

图1-1-1　分配装置

任务要求

（1）设计和画出系统回路图；

（2）在实训台上调试运行回路，动作顺序符合要求。

一、气缸介绍

气缸是气压传动中将压缩气体的压力能转换为机械能的气动执行元件。气缸有做往复直线运动和做往复摆动两种类型。

（1）做往复直线运动的气缸又可分为单作用气缸、双作用气缸、膜片式气缸和冲击气缸 4 种。

①单作用气缸：仅一端有活塞杆，从活塞一侧供气聚能产生气压，气压推动活塞产生推力伸出，靠弹簧或自重返回。

②双作用气缸：从活塞两侧交替供气，在一个或两个方向输出力。

③膜片式气缸：用膜片代替活塞，只在一个方向输出力，用弹簧复位。它的密封性能好，但行程短。

④冲击气缸：这是一种新型元件。它把压缩气体的压力能转换为活塞高速（10 ～ 20 m/s）运动的动能，借以做功。

此外，还有无杆气缸，即没有活塞杆的气缸的总称，有磁性气缸和缆索气缸两大类。

（2）做往复摆动的气缸称为摆动气缸，由叶片将内腔分隔为二，向两腔交替供气，输出轴做摆动运动，摆动角小于280°。此外，还有回转气缸、气液阻尼缸和步进气缸等。

气缸的外形如图 1 - 1 - 2 所示，其图形符号见表 1 - 1 - 1。

图 1 - 1 - 2　气缸

表 1 - 1 - 1　气缸图形符号

名称		符号
单作用气缸	不带弹簧复位简易符号	
	不带弹簧复位详细符合	

名称	符号
单作用气缸 带弹簧复位简易符号	
带弹簧复位详细符合	
伸缩缸	
双作用气缸 不可调单向缓冲缸	
不可调双向缓冲缸	
可调单向缓冲缸	
可调双向缓冲缸	
伸缩缸	
双活塞缸	

二、气缸结构

1. 气缸的组成

气缸是由缸筒、端盖、活塞、活塞杆和密封件等组成的，其内部结构如图 1 - 1 - 3 所示。

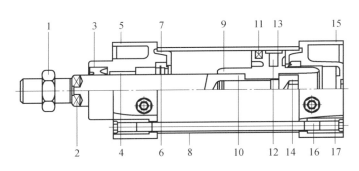

图 1 - 1 - 3　气缸结构图

1—螺母；2—活塞杆；3—前盖密封圈；4—衬套；5—前盖；6—缓冲密封圈；7—缓冲密封垫；
8—缸体；9—活塞；10—活塞杆密封圈；11—活塞密封圈；12—磁铁；13—耐磨环；
14—内六角螺栓；15—后盖；16—支柱；17—支柱螺帽

1）缸筒

缸筒的内径大小代表了气缸输出力的大小。活塞要在缸筒内做平稳的往复滑动，缸筒内表面的表面粗糙度应达到 $Ra0.8~\mu m$。

SMC、CM2 气缸活塞上采用组合密封圈实现双向密封，活塞与活塞杆用压铆连接，不用螺母。

2）端盖

端盖上设有进、排气通口，有的还在端盖内设有缓冲机构。杆侧端盖上设有密封圈和防尘圈，以防止从活塞杆处向外漏气及外部灰尘混入缸内。杆侧端盖上设有导向套，以提高气缸的导向精度，承受活塞杆上少量的横向负载，减小活塞杆伸出时的下弯量，延长气缸使用寿命。导向套通常使用烧结含油合金和前倾铜铸件。端盖过去常用可锻铸铁，为减轻重量并防锈，常使用铝合金压铸，微型缸也有使用黄铜材料的。

3）活塞

活塞是气缸中的受压力零件。为防止活塞左右两腔相互窜气，设有活塞密封圈。活塞上的耐磨环可提高气缸的导向性，减少活塞密封圈的磨耗，减小摩擦阻力。耐磨环常使用聚氨酯、聚四氟乙烯、夹布合成树脂等材料。活塞的宽度由密封圈尺寸和必要的滑动部分长度来决定。滑动部分太短，易引起早期磨损和卡死。活塞的材质常用铝合金和铸铁，小型缸的活塞也有用黄铜制成的。

4）活塞杆

活塞杆是气缸中最重要的受力零件，通常使用高碳钢、表面经镀硬铬处理或使用不锈钢，以防腐蚀，并提高密封圈的耐磨性。

5）密封件

回转或往复运动处的部件密封称为动密封，静止件部分的密封称为静密封。

2. 缸筒与端盖的连接

缸筒与端盖的连接方法主要有整体型、铆接型、螺纹连接型、法兰型和拉杆型。

3. 气缸活塞的润滑

气缸工作时要靠压缩空气中的油雾对活塞进行润滑，也有小部分免润滑气缸。

三、气缸直接控制回路

对单作用气缸或双作用气缸的简单控制，可采用直接控制信号。图1-1-4所示为气缸直接控制回路。为使直接控制用于驱动气缸所需气流相对较小的场合，控制阀的尺寸及所需操作力也较小。如果阀门太大，对直接手动操作来说，则所需的操作力也可能会很大。

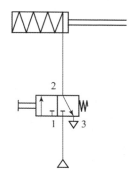

图1-1-4　气缸直接控制回路

 任务实施

一、资讯

（1）观察气缸的铭牌，说明其产品规格。

（2）根据气缸的铭牌，画出其图形符号。

二、计划与决策

根据任务要求，组员讨论并制订工作计划，填在表1-1-2中。

> 提示：
> 充分考虑设计气动回路图、回路仿真、安装接线和运行调试等环节。

表 1 - 1 - 2　工作计划

序号	内容	负责人	完成时间

四、实施

按决策的内容实施设计、安装与调试工作，绘制气动回路图，填写数据。注重操作规范与工作效率。

（1）利用 FluidSIM 软件设计气动回路图，并仿真调试。

（2）在表 1 - 1 - 3 中列出回路元件清单。

表 1 - 1 - 3　回路元件清单

序号	元件符号	元件名称

（3）回路图中各元件的表示方法。

回路图中每个元件的编号与工作元件的对应关系和规定见表1－1－4。

表1－1－4　每个元件的编号与工作元件的对应关系和规定

0	供气系统
1，2，3等	各个工段或控制部分的编号
1.0，2.0等	工作元件
.1	控制元件
.01，.03（奇数）等	介于控制元件和工作元件间的元件，向前冲程有作用
.02，.04（偶数）等	介于控制元件和工作元件间的元件，回程有作用
.2，.4（偶数）等	对气缸前冲程有作用的元件
.3，.5（奇数）等	对气缸回程有作用的元件

（4）元件的确定。

根据设计回路选择相应元件，并填入表1－1－5中。

表1－1－5　元件确定

序号	元件	数量	说明

（5）画出系统位移－步骤图。

（6）安装与调试。

按设计回路图实施安装与调试工作，并将数据等参数填在表1-1-6中。注重操作规范与工作效率。

表1-1-6 安装与调试数据

实施步骤	完成情况	负责人	完成时间

实施反馈：记录小组实施中出现的异常情况以及解决措施。

（7）考核评价。

考核评价表见表1-1-7。

表1-1-7 考核评价表

评分标准								
评价内容	序号	主要内容	考核要求	评分细则	配分	扣分	得分	备注
职业素养与操作规范（20分）	1	工作前准备	①清点工具、仪表、元件并摆放整齐。②穿戴好劳动防护用品	①工作前，未检查电源、仪表及清点工具、元件，扣2分。②仪表、工具等摆放不整齐，扣3分。③未穿戴好劳动防护用品，扣5分	10			出现明显失误，造成安全事故；严重违反考场纪律，造成恶劣影响的本次测试记0分

评价内容	序号	主要内容	考核要求	评分细则	配分	扣分	得分	备注
职业素养与操作规范（20分）	2	"7S"规范	①操作过程中及作业完成后，保持工具、仪表等摆放整齐。②操作过程中无不文明行为，具有良好的职业操守。③独立完成考核内容，合理解决突发事件。④具有安全用电意识，操作符合规范要求。⑤作业完成后清理、核对仪表及工具数量，清扫工作现场	①操作过程中及作业完成后，工具、仪表等摆放不整齐，扣2分。②工作过程中出现违反安全规范的，扣5分。③作业完成后未清理、核对仪表、工具数量，未清扫工作现场，扣3分	10			出现明显失误，造成安全事故；严重违反考场纪律，造成恶劣影响的本次测试记0分
作品（80分）	3	元件安装	①按图示要求，正确选择和安装元件。②元件安装要紧固，位置合适，元件连接规范、美观	①元件选择不正确，每个扣2分。②气压元件安装不牢固，每个扣2分。③行程开关、磁性开关、行程阀等安装位置不正确，每个扣5分。④元件布置不整齐、不合理，扣5分。⑤元件连接不规范、不美观，扣5分	20			
	4	系统连接	按图示要求，正确连接气动回路和电气控制线路	①气动回路连接不正确，扣10分。②电气控制线路连接不正确，扣5分	15			
	5	调试检查	①检查气压输出并调整，单独检查气路。②检查电源输出并单独检查电路。③上述两个步骤完成后对系统进行电路、气路联调	①未检查气压输出并调整，扣3分。②气压阀调整不正确，扣2分。③未检查气路连线，扣5分。④气压调整不合适（偏大或偏小），扣5分。⑤未检查电源输出以及电路，扣5分（纯气压回路本项不检查）	15			

学习笔记

评分标准								
评价内容	序号	主要内容	考核要求	评分细则	配分	扣分	得分	备注
作品（80分）	6	回路设计	回路设计合理	①回路功能不能实现，扣10分。 ②元件表示错误，扣5分。 ③元件功能错误，扣5分。 ④位移图错误，扣5分。 ⑤元件布局不规范，扣5分	30			出现明显失误，造成安全事故；严重违反考场纪律，造成恶劣影响的本次测试记0分
合计分数								

五、总结

（1）本次任务新接触的内容描述。

（2）总结在任务实施过程中遇到的困难及解决措施。

（3）综合评价自己的得失，总结成长的经验和教训。

 课后作业

（1）空压系统的各个组成部分及其作用。

（2）根据气缸的结构特征，执行元件可分为哪几类？

（3）根据气缸的安装形式，执行元件可分为哪几类？

（4）简述单作用和双作用气缸的工作特性。

（5）试设计一个双作用气缸直接控制回路。

 任务1.2　气缸间接控制回路的安装与调试

任务目标

（1）了解换向阀的种类及工作原理；
（2）掌握换向阀的职能符号及表示方法；
（3）能根据动作要求设计出金属工件分类装置的控制回路；
（4）掌握气动间接控制回路的分析及连接方法。

任务引入

通过手动按钮来控制阀体，金属工件放在随机的位置上，被要求分类后被气缸推送至另一个传送带上。单作用气缸（1A）的活塞杆前进行程的时间 $t = 0.4$ s。当松开按钮时，活塞杆缩回到初始位置。压力表要安装在单向节流阀前或后方。其示意图如图 1－2－1 所示。

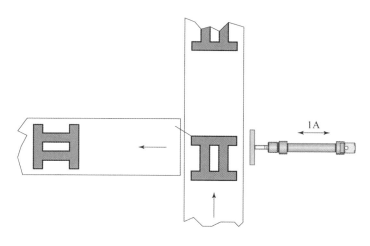

图 1－2－1　金属工件的分类装置

任务要求

（1）以简化形式画出不带信号示意线的位移－步骤图；
（2）设计和画出系统回路图；
（3）在实训台上调试运行回路；
（4）动作顺序符合要求。

知识链接

一、气缸间接控制回路

对高速或大口径的控制气缸来说，所需气流的大小决定了应采用的控制阀门的尺寸大小。如果要求驱动阀门的操作力较大，则采用间接控制就比较合适。当气缸运动速度较高，或需要一个不能直接操作的大口径阀门时，也属于同样情况，这时控制元件要求口径大、流量大，要用控制端的压缩空气来克服阀门开启阻力，这就是间接控制。间接控制连接管道可以短些，因为控制阀可以靠近气缸安装。此外，信号元件尺寸可以小些，因为它仅提供一个操作控制阀的信号，无须直接驱动气缸。这个信号元件尺寸较小且开关时间短。图 1－2－2 所示为气缸间接控制回路。

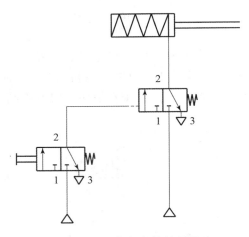

图 1 - 2 - 2　气缸间接控制回路

二、气控换向阀

气压控制换向阀靠外加的气压信号为动力切换主阀，控制回路换向或开闭。外加的气压称为控制压力。

1. 方向控制阀的工作原理

在初始位置，阀芯把进气口与工作口之间的通道关闭，两口不相通，而工作口与排气口相通，压缩空气可以通过排气口排入大气中。当按下阀芯，方向控制阀进入工作状态时，进气口与工作口相通，压缩空气通过进气口进入，从工作口输出，而排气口关闭。如图 1 - 2 - 3 所示。

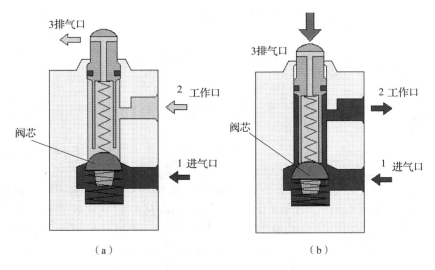

图 1 - 2 - 3　方向控制阀的工作原理

2. 方向控制阀阀芯的控制方式（见表1-2-1）

表1-2-1　方向控制阀阀芯的控制方式

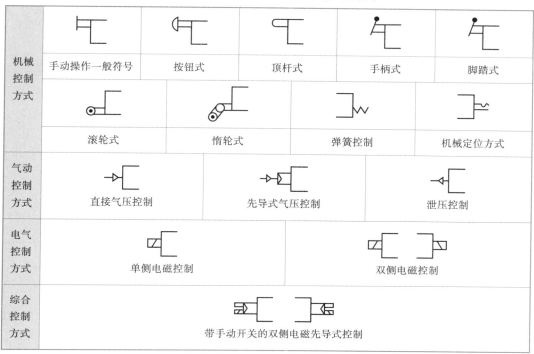

机械控制方式	手动操作一般符号	按钮式	顶杆式	手柄式	脚踏式
	滚轮式	惰轮式		弹簧控制	机械定位方式
气动控制方式	直接气压控制		先导式气压控制		泄压控制
电气控制方式	单侧电磁控制			双侧电磁控制	
综合控制方式	带手动开关的双侧电磁先导式控制				

3. 方向控制阀接口的表示方法（见表1-2-2）

表1-2-2　方向控制阀接口的表示方法

接口	字母表示方法	数字表示方法
压缩空气输入口	P	1
排气口	R、S	3、5
压缩空气输出口	A、B	2、4
使1-2、1-4导通的控制接口	Z、Y	12、14
使阀门关闭的接口	Z、Y	10
辅助控制管路	P_z	81、91

4. 方向控制阀的分类（见表1-2-3）

表1-2-3　方向控制阀的分类

分类方式	形式
按阀内气体的流动方向	单向阀、换向阀
按阀芯的结构形式	截止阀、滑阀

分类方式	形式
按阀的密封形式	硬质密封、软质密封
按阀的工作位数及通路数	二位三通、二位五通、三位五通等
按阀的控制方式	气压控制、电磁控制、机械控制、手动控制等

任务实施

一、资讯

观察控制阀的铭牌，说明其产品规格，见表 1 – 2 – 4。

表 1 – 2 – 4 控制阀规格

图形	产品规格
	名称_____； 型号_____； 图形符号_____； 压力范围_____； 工作温度_____
	名称_____； 型号_____； 图形符号_____； 压力范围_____； 工作温度_____
	名称_____； 型号_____； 图形符号_____； 压力范围_____； 工作温度_____

图形	产品规格
	名称 _____ ; 型号 _____ ; 图形符号 _____ ; 压力范围 _____ ; 工作温度 _____
	名称 _____ ; 型号 _____ ; 图形符号 _____ ; 压力范围 _____ ; 工作温度 _____
	名称 _____ ; 型号 _____ ; 图形符号 _____ ; 压力范围 _____ ; 工作温度 _____
	名称 _____ ; 型号 _____ ; 图形符号 _____ ; 压力范围 _____ ; 工作温度 _____

图形	产品规格
	名称_____; 型号_____; 图形符号_____; 压力范围_____; 工作温度_____
	名称_____; 型号_____; 图形符号_____; 压力范围_____; 工作温度_____
	名称_____; 型号_____; 图形符号_____; 压力范围_____; 工作温度_____
	名称_____; 型号_____; 图形符号_____; 压力范围_____; 工作温度_____
	名称_____; 型号_____; 图形符号_____; 压力范围_____; 工作温度_____

二、计划与决策

根据任务要求，组员讨论并制订工作计划，填在表 1 – 2 – 5 中。

> 提示：
> **充分考虑设计气动回路图、回路仿真、安装接线和运行调试等环节。**

表 1 – 2 – 5　工作计划

序号	内容	负责人	完成时间

三、实施

按决策的内容实施设计、安装与调试工作，绘制气动回路图，填写数据。注重操作规范与工作效率。

（1）利用 FluidSIM 软件设计气动回路图，并仿真调试。

（2）在表 1 – 2 – 6 中列出回路元件清单。

表 1 – 2 – 6　回路元件清单

序号	元件符号	元件名称

（3）元件的确定。

根据设计回路选择相应元件，并填入表1-2-7中。

表1-2-7 元件确定

序号	元件	数量	说明

（4）画出系统位移-步骤图。

（5）安装与调试。

按设计回路图实施安装与调试工作，并将数据等参数填在表1-2-8中。注重操作规范与工作效率。

表1-2-8 安装与调试数据

实施步骤	完成情况	负责人	完成时间

实施反馈：记录小组实施中出现的异常情况以及解决措施。

（6）考核评价。

考核评价表见表 1-2-9。

表 1-2-9　考核评价表

评价内容	序号	主要内容	考核要求	评分细则	配分	扣分	得分	备注
职业素养与操作规范（20分）	1	工作前准备	①清点工具、仪表、元件并摆放整齐。②穿戴好劳动防护用品	①工作前，未检查电源、仪表及清点工具、元件，扣2分。②仪表、工具等摆放不整齐，扣3分。③未穿戴好劳动防护用品，扣5分	10			出现明显失误，造成安全事故；严重违反考场纪律，造成恶劣影响的本次测试记0分
	2	"7S"规范	①操作过程中及作业完成后，保持工具、仪表等摆放整齐。②操作过程中无不文明行为，具有良好的职业操守。③独立完成考核内容，合理解决突发事件。④具有安全用电意识，操作符合规范要求。⑤作业完成后清理、核对仪表及工具数量，清扫工作现场	①操作过程中及作业完成后，工具、仪表等摆放不整齐，扣2分。②工作过程中出现违反安全规范的，扣5分。③作业完成后未清理、核对仪表及工具数量，未清扫工作现场，扣3分	10			

评分标准

评价内容	序号	主要内容	考核要求	评分细则	配分	扣分	得分	备注
作品(80分)	3	元件安装	①按图示要求，正确选择和安装元件。②元件安装要紧固，位置合适，元件连接规范、美观	①元件选择不正确，每个扣2分。②气压元件安装不牢固，每个扣2分。③行程开关、磁性开关、行程阀等安装位置不正确，每个扣5分。④元件布置不整齐、不合理，扣5分。⑤元件连接不规范，不美观，扣5分	20			出现明显失误，造成安全事故；严重违反考场纪律，造成恶劣影响的本次测试记0分
	4	系统连接	按图示要求，正确连接气动回路和电气控制线路	①气动回路连接不正确，扣10分。②电气控制线路连接不正确，扣5分	15			
	5	调试检查	①检查气压输出并调整，单独检查气路。②检查电源输出并单独检查电路。③上述两个步骤完成后对系统进行电路、气路联调	①未检查气压输出并调整，扣3分。②气压阀调整不正确，扣2分。③未检查气路连线，扣5分。④气压调整不合适（偏大或偏小），扣5分。⑤未检查电源输出以及电路，扣5分（纯气压回路本项不检查）	15			
	6	回路设计	回路设计合理	①回路功能不能实现，扣10分。②元件表示错误，扣5分。③元件功能错误，扣5分。④位移图错误，扣5分。⑤元件布局不规范，扣5分	30			
合计分数								

四、总结

（1）本次任务新接触的内容描述。

（2）总结在任务实施中遇到的困难及解决措施。

（3）综合评价自己的得失，总结成长的经验和教训。

（4）将压力表装在单向节流阀的前或后方，观察压力表的读数有何不同。记录压力表的读数，分析结果并写出原因。

（5）如何通过单向节流阀对速度进行设定？

课后作业

双气缸间接控制回路与单气缸间接控制回路有何不同，试设计一个双作用气缸间接控制回路。

任务1.3 逻辑"与"功能控制回路的安装与调试

教学目的

（1）了解双作用气缸的间接启动；
（2）掌握带弹簧复位的二位五通控制阀的使用；
（3）掌握"与"门阀（双压阀）的应用；
（4）掌握用"与"连接来控制一个执行机构（元件）。

任务引入

通过操作两个相同阀门的按钮开关（阀），使折边装置的成形模具向下锻压，将面积为 40 cm×5 cm 的平板折边。松开两个或仅一个按钮开关，都可使气缸（1.0）缓慢退回到初始位置。气缸两端的压力由压力表指示。示意图如图 1-3-1 所示。

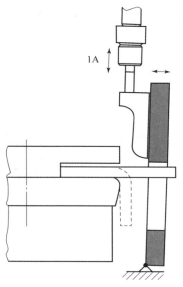

图 1-3-1 折边装置

任务要求

（1）以简化形式画出不带信号示意线的位移 - 步骤图；
（2）设计和画出系统回路图；
（3）在实训台上调试运行回路；
（4）动作顺序符合要求。

一、双压阀

双压阀的作用相当于"与"门逻辑功能。图1-3-2所示为双压阀，有两个输入口L<1>、R<1>，一个输出口<2>，只有L<1>、R<1>同时输入时输出口<2>才有压力输出。

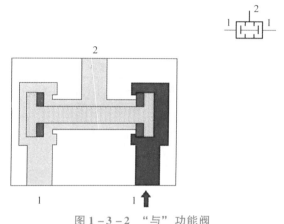

图1-3-2 "与"功能阀

二、双压阀的逻辑功能

双压阀的逻辑功能见表1-3-1。

表1-3-1 双压阀的逻辑功能

名称	阀职能符号	表达式	逻辑符号	真值表		
"与"门元件		$Y = A \cdot B$		A	B	Y
				0	0	0
				1	0	0
				0	1	0
				1	1	1

三、逻辑"与"功能控制回路

在驱动一个气缸以前，要求考虑信号互锁、安全措施，以及满足运行条件。逻辑元件在回路中起着信号处理的作用，即加工信号，使其满足一定的条件。

如图1-3-3所示，按下两个二位三通阀的按钮，双作用气缸的活塞杆伸出。假如松开其中一个按钮，则气缸回到初始位置。

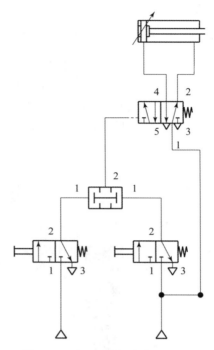

图 1 - 3 - 3　逻辑与功能控制回路

 任务实施

一、资讯

（1）观察门阀的铭牌，说明其产品规格。

（2）根据门阀的铭牌，画出其图形符号。

二、计划与决策

根据任务要求，组员讨论并制订工作计划，填在表 1 - 3 - 2 中。

提示：
充分考虑设计气动回路图、回路仿真、安装接线和运行调试等环节。

表 1 - 3 - 2　工作计划

序号	内容	负责人	完成时间

三、实施

按决策的内容实施设计、安装与调试工作，绘制气动回路图，填写数据。注重操作规范与工作效率。

（1）利用 FluidSIM 软件设计气动回路图，并仿真调试。

（2）在表 1 - 3 - 3 中列出回路元件清单。

表 1 - 3 - 3　回路元件清单

序号	元件符号	元件名称

（3）元件的确定

根据设计回路选择相应元件，并填入表 1 − 3 − 4 中。

表 1 − 3 − 4　元件确定

序号	元件	数量	说明

（4）画出系统位移 − 步骤图。

（5）安装与调试。

按设计回路图实施安装与调试工作，并将数据等参数填在表 1 − 3 − 5 中。注重操作规范与工作效率。

表 1 − 3 − 5　安装与调试数据

实施步骤	完成情况	负责人	完成时间

实施反馈：记录小组实施中出现的异常情况以及解决措施。

（6）考核评价。

考核评价表见表1-3-6。

表1-3-6 考核评价表

评价内容	序号	主要内容	评分标准		配分	扣分	得分	备注
			考核要求	评分细则				
职业素养与操作规范（20分）	1	工作前准备	①清点工具、仪表、元件并摆放整齐。②穿戴好劳动防护用品	①工作前，未检查电源、仪表及清点工具、元件，扣2分。②仪表、工具等摆放不整齐，扣3分。③未穿戴好劳动防护用品，扣5分	10			出现明显失误，造成安全事故；严重违反考场纪律，造成恶劣影响的本次测试记0分
	2	"7S"规范	①操作过程中及作业完成后，保持工具、仪表等摆放整齐。②操作过程中无不文明行为，具有良好的职业操守。③独立完成考核内容，合理解决突发事件。④具有安全用电意识，操作符合规范要求。⑤作业完成后清理、核对仪表及工具数量，清扫工作现场	①操作过程中及作业完成后，工具等摆放不整齐，扣2分。②工作过程中出现违反安全规范的，扣5分。③作业完成后未清理、核对仪表及工具数量，未清扫工作现场，扣3分	10			

评价内容	序号	主要内容	考核要求	评分细则	配分	扣分	得分	备注
作品 (80分)	3	元件安装	①按图示要求，正确选择和安装元件。②元件安装要紧固，位置合适，元件连接规范、美观	①元件选择不正确，每个扣2分。②气压元件安装不牢固，每个扣2分。③行程开关、磁性开关、行程阀等安装位置不正确，每个扣5分。④元件布置不整齐、不合理，扣5分。⑤元件连接不规范，不美观，扣5分	20			出现明显失误，造成安全事故；严重违反考场纪律，造成恶劣影响的本次测试记0分
	4	系统连接	按图示要求，正确连接气动回路和电气控制线路	①气动回路连接不正确，扣10分。②电气控制线路连接不正确，扣5分	15			
	5	调试检查	①检查气压输出并调整，单独检查气路。②检查电源输出并单独检查电路。③上述两个步骤完成后对系统进行电路、气路联调	①未检查气压输出并调整，扣3分。②气压阀调整不正确，扣2分。③未检查气路连线，扣5分。④气压调整不合适（偏大或偏小），扣5分。⑤未检查电源输出以及电路，扣5分（纯气压回路本项不检查）	15			
	6	回路设计	回路设计合理	①回路功能不能实现，扣10分。②元件表示错误，扣5分。③元件功能错误，扣5分。④位移图错误，扣5分。⑤元件布局不规范，扣5分	30			
合计分数								

四、总结

（1）本次任务新接触的内容描述。

（2）总结在任务实施中遇到的困难及解决措施。

（3）综合评价自己的得失，总结成长的经验和教训。

 课后作业

是否还能用其他元件实现逻辑"与"功能控制回路，试一试设计一个逻辑"与"功能回路。

任务1.4　逻辑"或"功能控制回路的安装与调试

教学目的

（1）掌握用"或"连接和"与"连接回路来控制一个执行机构（元件）；

（2）了解二位五通气控双稳记忆阀的操作使用；

（3）掌握"或"门阀（梭阀）的应用；

（4）掌握二位三通滚轮杠杆式行程阀的应用；

（5）掌握逻辑"或"功能控制回路的分析及连接方法。

任务引入

用于测量的松木杆长 5 m 或 3 m，须以 200 mm 的间隔标上红色，其可以在两个按钮中进行选择，以通过具有排气节流控制的气缸来控制测量杆的向前推进，只有当气缸伸出到位并按下回程按钮开关时气缸才缩回。其示意图如图 1 - 4 - 1 所示。

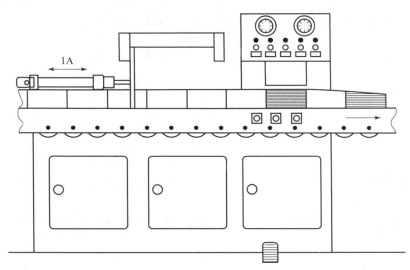

图 1 - 4 - 1　记号装置

任务要求

（1）以简化形式画出不带信号示意线的位移 - 步骤图；

（2）设计和画出系统回路图；

（3）在实训台上调试运行回路；

（4）动作顺序符合要求。

一、"或"门元件

"或"门元件也有两个输入控制信号和一个输出信号，它的逻辑含义是只要有任何一个控制信号输入，就有信号输出。

二、"或"门元件逻辑功能

"或"门元件逻辑功能见表1-4-1。

表1-4-1　"或"门元件逻辑功能

名称	阀职能符号	表达式	逻辑符号	真值表		
"或"门元件		$Y = A + B$		A	B	Y
				0	0	0
				1	0	1
				0	1	1
				1	1	1

三、逻辑"或"功能控制回路

如图1-4-2所示，如果将两个按钮或其中之一按下，则双作用气缸伸出；假如两个按钮同时松开，则气缸回缩。

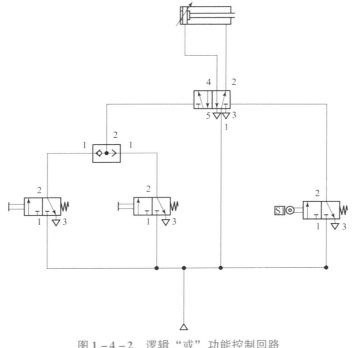

图1-4-2　逻辑"或"功能控制回路

任务实施

一、资讯

（1）观察"或"阀的铭牌，说明其产品规格。

（2）根据"或"阀的铭牌，画出其图形符号。

二、计划与决策

根据任务要求，组员讨论并制订工作计划，填在表 1 - 4 - 2 中。

> 提示：
> 充分考虑设计气动回路图、回路仿真、安装接线和运行调试等环节。

表 1 - 4 - 2　工作计划

序号	内容	负责人	完成时间

三、实施

按决策的内容实施设计、安装与调试工作，绘制气动回路图，填写数据。注重操作规范与工作效率。

（1）利用 FluidSIM 软件设计气动回路图，并仿真调试。

（2）在表 1 – 4 – 3 中列出回路元件清单。

表 1 – 4 – 3　回路元件清单

序号	元件符号	元件名称

（3）元件的确定。

根据设计回路选择相应元件，并填入表 1 – 4 – 4 中。

表 1 – 4 – 4　元件确定

序号	元件	数量	说明

（4）画出系统位移–步骤图。

（5）安装与调试。

按设计回路图实施安装与调试工作，并将数据等参数填在表1–4–5中。注重操作规范与工作效率。

表1–4–5　安装与调试数据

实施步骤	完成情况	负责人	完成时间

实施反馈：记录小组实施中出现的异常情况以及解决措施。

（6）考核评价。

考核评价表见表 1 - 4 - 6。

表 1 - 4 - 6　考核评价表

评价内容	序号	主要内容	考核要求	评分细则	配分	扣分	得分	备注
				评分标准				
职业素养与操作规范（20分）	1	工作前准备	①清点工具、仪表、元件并摆放整齐。②穿戴好劳动防护用品	①工作前，未检查电源、仪表及清点工具、元件，扣2分。②仪表、工具等摆放不整齐，扣3分。③未穿戴好劳动防护用品，扣5分	10			出现明显失误，造成安全事故；严重违反考场纪律，造成恶劣影响的本次测试记0分
	2	"7S"规范	①操作过程中及作业完成后，保持工具、仪表等摆放整齐。②操作过程中无不文明行为，具有良好的职业操守。③独立完成考核内容，合理解决突发事件。④具有安全用电意识，操作符合规范要求。⑤作业完成后清理、核对仪表及工具数量，清扫工作现场	①操作过程中及作业完成后，工具、仪表等摆放不整齐，扣2分。②工作过程中出现违反安全规范的，扣5分。③作业完成后未清理、核对仪表及工具数量，未清扫工作现场，扣3分	10			
作品（80分）	3	元件安装	①按图示要求，正确选择和安装元件。②元件安装要紧固，位置合适，元件连接规范、美观	①元件选择不正确，每个扣2分。②气压元件安装不牢固，每个扣2分。③行程开关、磁性开关、行程阀等安装位置不正确，每个扣5分。④元件布置不整齐、不合理，扣5分。⑤元件连接不规范、不美观，扣5分	20			
	4	系统连接	按图示要求，正确连接气动回路和电气控制线路。	①气动回路连接不正确，扣10分。②电气控制线路连接不正确，扣5分	15			

评价内容	序号	主要内容	考核要求	评分细则	配分	扣分	得分	备注
			评分标准					
作品（80分）	5	调试检查	①检查气压输出并调整，单独检查气路。②检查电源输出并单独检查电路。③上述两个步骤完成后对系统进行电路、气路联调	①未检查气压输出并调整，扣3分。②气压阀调整不正确，扣2分。③未检查气路连线，扣5分。④气压调整不合适（偏大或偏小），扣5分。⑤未检查电源输出以及电路，扣5分（纯气压回路本项不检查）	15			出现明显失误，造成安全事故；严重违反考场纪律，造成恶劣影响的本次测试记0分
	6	回路设计	回路设计合理	①回路功能不能实现，扣10分。②元件表示错误，扣5分。③元件功能错误，扣5分。④位移图错误，扣5分。⑤元件布局不规范，扣5分	30			
合计分数								

四、总结

（1）本次任务新接触的内容描述。

（2）总结在任务实施中遇到的困难及解决措施。

（3）综合评价自己的得失，总结成长的经验和教训。

课后作业

"或"门阀能否用其他元件代替，如能，请问用什么元件代替？并画出回路图。

任务1.5　记忆及速度控制回路的安装与调试

教学目的

（1）了解流量控制阀的工作原理；
（2）掌握流量控制阀的应用；
（3）掌握记忆及速度控制回路的分析及连接方法。

任务引入

在位置转换装置的帮助下，经过冷却的工件被传送至一个高或低位的传送带上。滑动杆（高或低位）的位置由阀的选择开关决定。双作用气缸（1A）前进运动的时间 $t_1 = 3$ s，缩回运动的时间 $t_2 = 2.5$ s。对于初始位置，假设气缸处在缩回的末端位置。其示意图如图 1-5-1 所示。

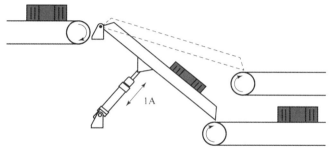

图 1-5-1　位置转换装置

任务要求

（1）以简化形式画出不带信号示意线的位移－步骤图；

（2）设计和画出系统回路图；

（3）在实训台上调试运行回路；

（4）动作顺序符合要求。

知识链接

一、流量控制阀

通过改变阀的通流面积来调节压缩空气的流量，从而控制气缸运动速度的气动控制元件，包括节流阀、单向节流阀和排气消声节流阀。

（1）节流阀：压缩空气由 P 口进入，经过节流后，由 A 口流出，旋转阀芯螺杆可改变节流口开度，以调节气体的流量，如图 1－5－2 所示。

特点：结构简单，体积小。

（2）单向节流阀：由单向阀和节流阀并联而成。

原理：当气流由 P 向 A 流动时，单向阀关闭，节流阀节流；反向流动时，单向阀打开，不节流，如图 1－5－3 所示。

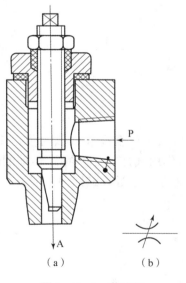

（a）　　　　（b）

图 1－5－2　节流阀

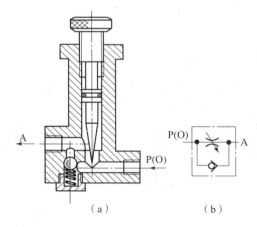

（a）　　　　（b）

图 1－5－3　单向节流阀

（3）排气节流阀：安装在控制执行元件换向阀的排气口上，调节排入大气的流量以改变执行元件运动速度的一种控制阀，如图 1－5－4 所示。其常带有消声器，以降低排气噪声。

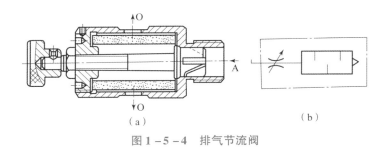

图 1 – 5 – 4　排气节流阀

二、记忆及速度控制回路

双气控制阀具有记忆功能，即在它受到新的触发信号前具有保持原状态的特性。通过控制气体的流量可以实现气缸的速度控制。

如图 5 – 5 所示按下左面 3/2 按钮阀，双作用气缸的活塞杆伸出，气缸停留在伸出的位置，直到另一个 3/2 按钮阀被按下，且第一个按钮开关被松开，这时，气缸回到初始位置。在新的启动信号发出之前，气缸停留在初始位置。气缸向两个方向运动的速度均可调节。

5/2 双端气控阀有所需的记忆功能，即阀门能停留在原先的开关位置上，直到接收到一个换向的信号。正是因为这个原因，按钮装置发出的信号只需维持很短的时间。图 1 – 5 – 5 中装了两个流量控制阀，目的是对活塞向两个方向运动时的排气进行节流。而供气则是通过流量控制阀旁的两个单向阀，这样在供气时没有节流作用。

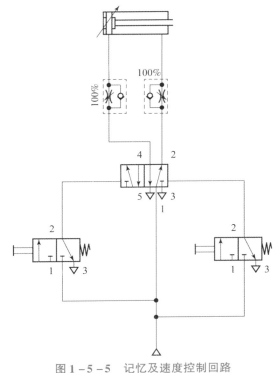

图 1 – 5 – 5　记忆及速度控制回路

一、资讯

（1）观察流量控制阀的铭牌，说明其产品规格。

（2）根据流量控制阀的铭牌，画出其图形符号。

二、计划与决策

根据任务要求，组员讨论并制订工作计划，填在表 1 – 5 – 1 中。

> 提示：
> 充分考虑设计气动回路图、回路仿真、安装接线和运行调试等环节。

表 1 – 5 – 1　工作计划

序号	内容	负责人	完成时间

三、实施

按决策的内容实施设计、安装与调试工作，绘制气动回路图，填写数据。注重操作规范与工作效率。

（1）利用 FluidSIM 软件设计气动回路图，并仿真调试。

（2）在表 1 – 5 – 2 中列出回路元件清单。

表 1 – 5 – 2　回路元件清单

序号	元件符号	元件名称

（3）元件的确定。

根据设计回路选择相应元件，并填入表 1 – 5 – 3。

表 1 – 5 – 3　元件确定

序号	元件	数量	说明

（4）画出系统位移–步骤图。

（5）安装与调试。

按设计回路图实施安装与调试工作，并将数据等参数填在表1–5–4中。注重操作规范与工作效率。

表1–5–4　安装与调试数据

实施步骤	完成情况	负责人	完成时间

实施反馈：记录小组实施中出现的异常情况以及解决措施。

（6）考核评价。

考核评价表见表1–5–5。

表 1-5-5　考核评价表

评分标准								
评价内容	序号	主要内容	考核要求	评分细则	配分	扣分	得分	备注
职业素养与操作规范（20分）	1	工作前准备	①清点工具、仪表、元件并摆放整齐。②穿戴好劳动防护用品。	①工作前，未检查电源、仪表及清点工具、元件，扣2分。②工具、仪表等摆放不整齐，扣3分。③未穿戴好劳动防护用品，扣5分	10			出现明显失误，造成安全事故；严重违反考场纪律，造成恶劣影响的本次测试记0分
	2	"7S"规范	①操作过程中及作业完成后，保持工具、仪表等摆放整齐。②操作过程中无不文明行为，具有良好的职业操守。③独立完成考核内容，合理解决突发事件。④具有安全用电意识，操作符合规范要求。⑤作业完成后清理、核对仪表及工具数量，清扫工作现场	①操作过程中及作业完成后，工具等摆放不整齐，扣2分。②工作过程中出现违反安全规范的，扣5分。③作业完成后未清理、核对仪表及工具数量，未清扫工作现场，扣3分	10			
作品（80分）	3	元件安装	①按图示要求，正确选择和安装元件。②元件安装要紧固，位置合适，元件连接规范、美观	①元件选择不正确，每个扣2分。②气压元件安装不牢固，每个扣2分。③行程开关、磁性开关、行程阀等安装位置不正确，每个扣5分。④元件布置不整齐、不合理，扣5分。⑤元件连接不规范、不美观，扣5分	20			
	4	系统连接	按图示要求，正确连接气动回路和电气控制线路	①气动回路连接不正确，扣10分。②电气控制线路连接不正确，扣5分	15			

评分标准								
评价内容	序号	主要内容	考核要求	评分细则	配分	扣分	得分	备注
作品（80分）	5	调试检查	①检查气压输出并调整，单独检查气路。②检查电源输出并单独检查电路。③上述两个步骤完成后对系统进行电路、气路联调	①未检查气压输出并调整，扣3分。②气压阀调整不正确，扣2分。③未检查气路连线，扣5分。④气压调整不合适（偏大或偏小），扣5分。⑤未检查电源输出以及电路，扣5分（纯气压回路本项不检查）	15			出现明显失误，造成安全事故；严重违反考场纪律，造成恶劣影响的本次测试记0分
	6	回路设计	回路设计合理	①回路功能不能实现，扣10分。②元件表示错误，扣5分。③元件功能错误，扣5分。④位移图错误，扣5分。⑤元件布局不规范，扣5分	30			
合计分数								

四、总结

（1）本次任务新接触的内容描述。

（2）总结在任务实施中遇到的困难及解决措施。

（3）综合评价自己的得失，总结成长的经验和教训。

 课后作业

（1）简述进气节流与排气节流的特点和用途。

（2）简述使用流量控制阀控制执行元件速度时注意事项。

任务1.6 快速排气控制回路的安装与调试

教学目的

（1）了解常闭和常开位置的换向阀；
（2）了解快速排气阀的功能；
（3）掌握快速排气控制回路的分析及连接方法。

工件分离装置将工件从一个传送带推到 X 光仪器上，按下按钮后单作用气缸（1A）快速缩回；松开按钮后，活塞杆伸出。前进运动的时间 $t = 0.9$ s。压力表安装在单向节流阀的前或后方。其示意图如图 1 - 6 - 1 所示。

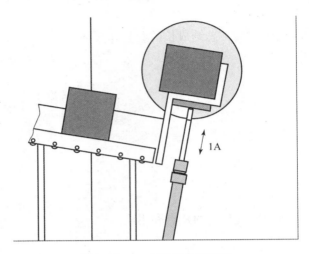

1A

图 1 - 6 - 1　工件的分离装置

任务要求

（1）以简化形式画出不带信号示意线的位移 – 步骤图；
（2）设计并画出系统回路图；
（3）在实训台上调试运行回路；
（4）动作顺序符号要求。

知识链接

一、快速排气阀

快速排气阀是为了使气缸快速排气，加快气缸的运动速度而设置的。它也称为快排阀，一般安装在换向阀和气缸之间，属于方向控制阀中的派生阀。它有三个阀口 1、2、3，1 接气源，2 接执行元件，3 通大气。当 1 有压缩空气输入时，推动阀芯右移，1 与 2 通，给执行元件供气；当 1 无压缩空气输入时，执行元件中的气体通过 2 使阀芯左移，堵住 1、2 通路，同时打开 2、3 通路，气体通过 3 快速排出，如图 1 - 6 - 2 所示。快速排气阀常装在换向阀和气缸之间，使气缸的排气不用通过换向阀而快速排出，从而加快了气缸往复运动速度，缩短了工作周期。

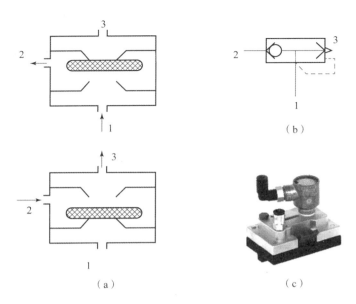

图 1-6-2　快速排气阀

（a）工作原理；（b）职能符号；（c）实物图

1—进气口；2—工作口；3—排气口

二、快速排气控制回路

图 1-6-3 所示为快速排气回路，该回路增加了速度，提高了效率。

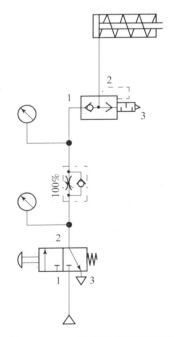

图 1-6-3　快速排气控制回路

任务实施

一、资讯

（1）观察快速排气阀的铭牌，说明其产品规格。

（2）根据快速排气阀的铭牌，画出其图形符号。

二、计划与决策

根据任务要求，组员讨论并制订工作计划，填在表1-6-1中。

提示：
充分考虑设计气动回路图、回路仿真、安装接线和运行调试等环节。

表1-6-1 工作计划

序号	内容	负责人	完成时间

三、实施

按决策的内容实施设计、安装与调试工作，绘制气动回路图，填写数据。注重操作规范与工作效率。

（1）利用 FluidSIM 软件设计气动回路图，并仿真调试。

（2）在表 1 – 6 – 2 中列出回路元件清单。

表 1 – 6 – 2　回路元件清单

序号	元件符号	元件名称

（3）元件的确定。

根据设计回路选择相应元件，并填入表 1 – 6 – 3 中。

表 1 – 6 – 3　元件确定

序号	元件	数量	说明

（4）画出系统位移－步骤图。

（5）安装与调试。

按设计回路图实施安装与调试工作，并将数据等参数填在表1－6－4中。注重操作规范与工作效率。

表1－6－4　安装与调试数据

实施步骤	完成情况	负责人	完成时间

实施反馈：记录小组实施中出现的异常情况以及解决措施。

（6）考核评价。

考核评价表见表1－6－5。

表 1 - 6 - 5　考核评价表

评分标准								
评价内容	序号	主要内容	考核要求	评分细则	配分	扣分	得分	备注
职业素养与操作规范（20分）	1	工作前准备	①清点工具、仪表、元件并摆放整齐。②穿戴好劳动防护用品	①工作前，未检查电源、仪表及清点工具、元件，扣2分。②工具、仪表等摆放不整齐，扣3分。③未穿戴好劳动防护用品，扣5分	10			出现明显失误，造成安全事故；严重违反考场纪律，造成恶劣影响的本次测试记0分
	2	"7S"规范	①操作过程中及作业完成后，保持工具、仪表等摆放整齐。②操作过程中无不文明行为，具有良好的职业操守。③独立完成考核内容，合理解决突发事件。④具有安全用电意识，操作符合规范要求。⑤作业完成后清理、核对仪表及工具数量，清扫工作现场	①操作过程中及作业完成后，工具等摆放不整齐，扣2分。②工作过程中出现违反安全规范的，扣5分。③作业完成后未清理、核对仪表及工具数量，未清扫工作现场，扣3分	10			
作品（80分）	3	元件安装	①按图示要求，正确选择和安装元件。②元件安装要紧固，位置合适，元件连接规范、美观	①元件选择不正确，每个扣2分。②气压元件安装不牢固，每个扣2分。③行程开关、磁性开关、行程阀等安装位置不正确，每个扣5分。④元件布置不整齐、不合理，扣5分。⑤元件连接不规范、不美观，扣5分	20			
	4	系统连接	按图示要求，正确连接气动回路和电气控制线路	①气动回路连接不正确，扣10分。②电气控制线路连接不正确，扣5分	15			

评分标准								
评价内容	序号	主要内容	考核要求	评分细则	配分	扣分	得分	备注
作品（80分）	5	调试检查	①检查气压输出并调整，单独检查气路。②检查电源输出并单独检查电路。③上述两个步骤完成后对系统进行电路、气路联调	①未检查气压输出并调整，扣3分。②气压阀调整不正确，扣2分。③未检查气路连线，扣5分。④气压调整不合适（偏大或偏小），扣5分。⑤未检查电源输出以及电路，扣5分（纯气压回路本项不检查）	15			出现明显失误，造成安全事故；严重违反考场纪律，造成恶劣影响的本次测试记0分
	6	回路设计	回路设计合理	①回路功能不能实现，扣10分。②元件表示错误，扣5分。③元件功能错误，扣5分。④位移图错误，扣5分。⑤元件布局不规范，扣5分	30			
合计分数								

四、总结

（1）本次任务新接触的内容描述。

（2）总结在任务实施中遇到的困难及解决措施。

（3）综合评价自己的得失，总结成长的经验和教训。

 课后作业

（1）简述快速排气阀的工作原理。

（2）除上述外，还用哪些速度控制回路？请设计一个其他速度控制回路并说明工作原理。

 任务1.7 压力控制回路安装与调试

教学目的

（1）了解压力控制阀工作原理；
（2）了解压力控制回路工作原理；
（3）掌握压力控制回路连接及调试。

在各种液体颜料倒入颜料桶中后，用振动机将它们搅和。按下按钮开关，伸出气缸（1A）的活塞杆退回到尾端位置，并在尾端某一行程范围内做往复运动。其振动的行程范围用处于尾端和中部的行程开关——滚轮杆行程阀来限位。振动频率的调节是通过压力调节阀控制供气量来实现的。将工作压力置于 $p = 4\ \text{bar}$[①]。

当特定的时间间隔达到后，振动停止。双作用气缸的活塞杆完全伸出，达到前端位置，并压下前端的滚轮杆行程阀。设定的振动时间 $t = 10\ \text{s}$。其示意图如图 1 - 7 - 1 所示。

图 1 - 7 - 1　振动料桶装置

任务要求

（1）以简化形式画出不带信号示意线的位移 – 步骤图；

（2）设计和画出系统回路图；

（3）在实训台上调试运行回路；

（4）动作顺序符号要求。

知识链接

一、压力阀

（1）调压阀：调压阀也称为减压阀，在气动系统中，一般由空气压缩机先将空气压缩，储存在储气罐内，然后经管路输送给各个气动装置使用，如图 1 - 7 - 2 所示。而储气罐的空气压力往往比各台设备实际所需要的压力高些，同时其压力波动值也较

---

① 　1 bar = 0.1 MPa。

大。因此需要用调压阀（减压阀）将其压力减到每台装置所需的压力，并使减压后的压力稳定在所需压力值上。

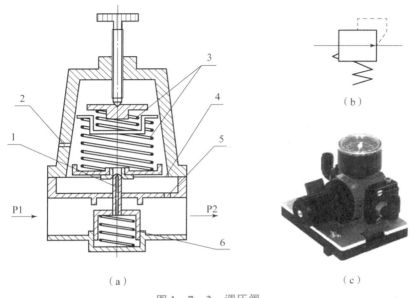

图 1-7-2　调压阀

（a）原理图；（b）图形符号；（c）减压阀实物

1—阀芯；2—溢流口；3—调压弹簧；4—膜片；5—阻尼孔；6—复位弹簧

（2）压力顺序阀：由一个压力顺序阀与一个 3/2 换向阀组合而成，当控制口 12 的压力能克服弹簧压力，使 3/2 阀换向时，输出口 2 有压缩空气输出，弹簧的设定压力可以通过手柄调节。这种压力顺序阀动作可靠，而且工作口输出的压缩空气没有压力损失，如图 1-7-3 所示。

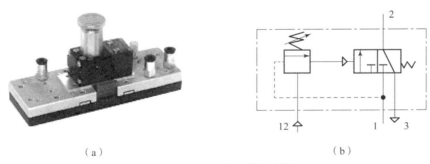

图 1-7-3　可调压力顺序阀

（a）实物图；（b）工作原理图

（3）安全阀（溢流阀）。

①作用：在高压系统中防止管路、气罐等被破坏，限制回路中的最高压力。

②原理：当系统中的压力低于调定值时，阀处于关闭状态；当系统的压力升高到安全阀的开启压力时，压缩空气推动活塞上移，阀门开启排气，直到系统压力降至低于调定值时，阀口又重新关闭，如图 1-7-4 所示。安全阀的开启压力通过调整弹簧

的预压缩量来调节。

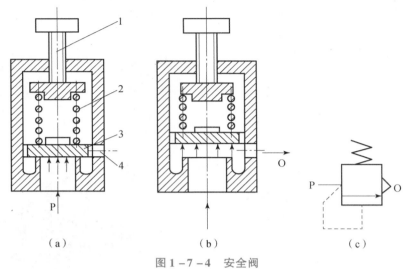

图 1-7-4 安全阀

1—调节螺母；2—弹簧；3—阀芯；4—出气口

二、压力控制回路

一次压力控制回路，空气压缩机由电动机驱动，当启动电动机后，空气压缩机产生的压缩空气经单向阀进入储气罐，储气罐内的压力上升，电接点式压力表显示压力值。当储气罐内的压力值上升到气压传动系统的最大限定值时，电接点式压力表内的指针碰到上触点，即控制其内的中间继电器断电，使电动机停止转动，空气压缩机也停止运转，储气罐内的压力不再上升。

二次压力控制回路：经过一次压力控制回路的压缩空气再经过减压阀二次减压，作为气压传动系统的工作气压使用。其主要是通过由分水滤气器、溢流减压阀和油雾器（也称气动三联件）组成的二次压力控制回路，利用溢流式减压阀来实现二次压力调节与控制的。油雾器用于给气压传动系统中的气压方向控制阀和气压执行元件的润滑，如图 1-7-5 所示。

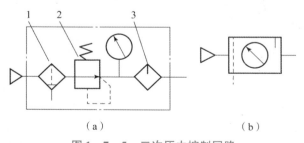

图 1-7-5 二次压力控制回路

1—分水滤气器；2—调压阀；3—油污器

高低压选择回路由多个减压阀控制，实现多个压力同时输出，常用于系统同时需要高低压力的场合，如图 1-7-6 所示。

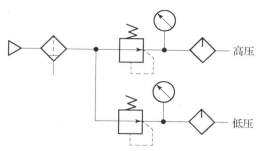

图 1 - 7 - 6　高低压选择回路

高低压切换回路利用换向阀和减压阀实现高低压切换输出，常用于系统分别需要高低压力的场合，如图 1 - 7 - 7 所示。

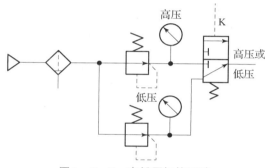

图 1 - 7 - 7　高低压切换回路

 任务实施

一、资讯

（1）观察压力阀的铭牌，说明其产品规格。

（2）根据压力阀的铭牌，画出其图形符号。

二、计划与决策

根据任务要求，组员讨论并制订工作计划，填在表 1 – 7 – 1 中。

> 提示：
> 充分考虑设计气动回路图、回路仿真、安装接线和运行调试等环节。

表 1 – 7 – 1　工作计划

序号	内容	负责人	完成时间

三、实施

按决策的内容实施设计、安装与调试工作，绘制气动回路图，填写数据。注重操作规范与工作效率。

（1）利用 FluidSIM 软件设计气动回路图，并仿真调试。

（2）在表 1 – 7 – 2 中列出回路元件清单。

表 1 – 7 – 2　回路元件清单

序号	元件符号	元件名称

（3）元件的确定。

根据设计回路选择相应元件，并填入表 1 – 7 – 3 中。

表 1 – 7 – 3　元件确定

序号	元件	数量	说明

（4）画出系统位移 – 步骤图。

（5）安装与调试。

按设计回路图实施安装与调试工作，并将数据等参数填在表1-7-4中。注重操作规范与工作效率。

表1-7-4　安装与调试数据

实施步骤	完成情况	负责人	完成时间

实施反馈：记录小组实施中出现的异常情况以及解决措施。

（6）考核评价。

考核评价表见表1-7-5。

表1-7-5　考核评价表

评分标准								
评价内容	序号	主要内容	考核要求	评分细则	配分	扣分	得分	备注
职业素养与操作规范（20分）	1	工作前准备	①清点工具、仪表、元件并摆放整齐。②穿戴好劳动防护用品	①工作前，未检查电源、仪表及清点工具、元件，扣2分。②仪表、工具等摆放不整齐，扣3分。③未穿戴好劳动防护用品，扣5分	10			出现明显失误，造成安全事故；严重违反考场纪律，造成恶劣影响的本次测试记0分

学习笔记

评分标准								
评价内容	序号	主要内容	考核要求	评分细则	配分	扣分	得分	备注
职业素养与操作规范（20分）	2	"7S"规范	①操作过程中及作业完成后，保持工具、仪表等摆放整齐。②操作过程中无不文明行为，具有良好的职业操守。③独立完成考核内容，合理解决突发事件。④具有安全用电意识，操作符合规范要求。⑤作业完成后清理、核对仪表及工具数量，清扫工作现场	①操作过程中及作业完成后，工具、仪表等摆放不整齐，扣2分。②工作过程中出现违反安全规范的，扣5分。③作业完成后未清理、核对仪表及工具数量，未清扫工作现场，扣3分	10			出现明显失误，造成安全事故；严重违反考场纪律，造成恶劣影响的本次测试记0分
作品（80分）	3	元件安装	①按图示要求，正确选择和安装元件。②元件安装要紧固，位置合适，元件连接规范、美观	①元件选择不正确，每个扣2分。②气压元件安装不牢固，每个扣2分。③行程开关、磁性开关、行程阀等安装位置不正确，每个扣5分。④元件布置不整齐、不合理，扣5分。⑤元件连接不规范、不美观，扣5分	20			
	4	系统连接	按图示要求，正确连接气动回路和电气控制线路	①气动回路连接不正确，扣10分。②电气控制线路连接不正确，扣5分	15			
	5	调试检查	①检查气压输出并调整，单独检查气路。②检查电源输出并单独检查电路。③上述两个步骤完成后对系统进行电路、气路联调	①未检查气压输出并调整，扣3分。②气压阀调整不正确，扣2分。③未检查气路连线，扣5分。④气压调整不合适（偏大或偏小），扣5分。⑤未检查电源输出以及电路，扣5分（纯气压回路本项不检查）	15			

评价内容	序号	主要内容	考核要求	评分细则	配分	扣分	得分	备注
作品（80分）	6	回路设计	回路设计合理	①回路功能不能实现，扣10分。②元件表示错误，扣5分。③元件功能错误，扣5分。④位移图错误，扣5分。⑤元件布局不规范，扣5分	30			出现明显失误，造成安全事故；严重违反考场纪律，造成恶劣影响的本次测试记0分
合计分数								

四、总结

（1）本次任务新接触的内容描述。

（2）总结在任务实施中遇到的困难及解决措施。

（3）综合评价自己的得失，总结成长的经验和教训。

（4）如何通过调节流量来控制振荡频率？

（5）滚轮杠杆式阀如何控制活塞杆位置？

 课后作业

（1）调节振动频率还可以用什么方法？请简述之。

（2）试设计一回路气缸向前的推力达到一定值后自动返回。

 时间控制回路安装与调试

 教学目的

（1）了解延时阀的工作原理；
（2）掌握时间控制回路的分析与连接方法；
（3）能够设计时间控制回路。

任务引入

双作用气缸（1A）将圆柱形工件推向测量装置，工件通过气缸的连续运动而被分离。通过控制阀上的旋钮使气缸的进程时间 $t_1 = 1.5$ s，回程时间 $t_3 = 1$ s；气缸在前进的末端位置停留时间 $t_2 = 1.5$ s，周期循环时间 $t_4 = 4$ s。其示意图如图 1-8-1 所示。

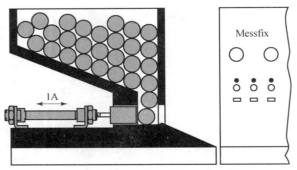

图1-8-1 圆柱工件的分离装置

任务要求

（1）以简化形式画出不带信号示意线的位移-步骤图；

（2）设计和画出系统回路图；

（3）在实训台上调试运行回路；

（4）动作顺序符合要求。

知识链接

一、延时阀

不同控制类型的元件可以组合成一个整体的具有多重特性、多重结构的组合式阀门，称为组合阀。延时阀是由3/2阀、单向节流阀和储气室组合而成的。当控制口12有压缩空气进入，经节流阀进入储气室时，单位时间内流入储气室的空气流量大小由节流阀调节；当储气室充满压缩空气达到一定程度时，即能克服弹簧的压力，使3/2阀的阀芯移动，使工作口2有压缩空气输出，如图1-8-2所示。

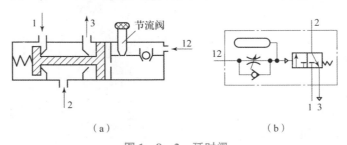

（a）　　　　　　　　　　　　　　　（b）

图1-8-2 延时阀

（a）工作原理图；（b）职能符号

1、2、3—进出气口；12—控制口

二、延时控制回路

1. 延时断开回路

图1-8-3所示为延时断开回路。当按下手动阀A后，5/2换向阀B立即换向，活

塞杆伸出，同时压缩空气经节流阀进入气罐 C 中。经过一定时间后，气罐中压力升高到一定值，阀 B 自动换向，活塞杆返回。调节节流阀开度可获得不同的延时时间。

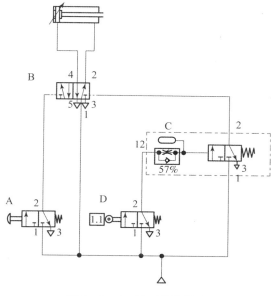

图 1 - 8 - 3　延时断开回路

2. 延时接通回路

图 1 - 8 - 4 所示为延时接通回路。按下阀 A，压缩空气经阀 A 和节流阀进入气罐 C，一段时间后，气罐中气压达到一定数值，使阀 B 换向，气路接通，活塞杆伸出。

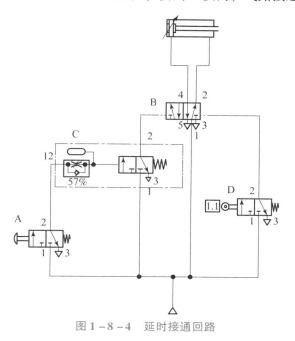

图 1 - 8 - 4　延时接通回路

任务实施

一、资讯

（1）观察延时阀的铭牌，说明其产品规格。

（2）根据延时阀的铭牌，画出其图形符号。

二、计划与决策

根据任务要求，组员讨论并制订工作计划，填在表 1-8-1 中。

> 提示：
> 充分考虑设计气动回路图、回路仿真、安装接线和运行调试等环节。

表 1-8-1　工作计划

序号	内容	负责人	完成时间

三、实施

按决策的内容实施设计、安装与调试工作，绘制气动回路图，填写数据。注重操作规范与工作效率。

（1）利用 FluidSIM 软件设计气动回路图，并仿真调试。

（2）在表 1 - 8 - 2 中列出回路元件清单。

表 1 - 8 - 2　回路元件清单

序号	元件符号	元件名称

（3）元件的确定。

根据设计回路选择相应元件，并填入表 1 - 8 - 3 中。

表 1 - 8 - 3　元件确定

序号	元件	数量	说明

（4）画出系统位移 – 步骤图。

（5）安装与调试。

按设计回路图实施安装与调试工作，并将数据等参数填在表 1 – 8 – 4 中。注重操作规范与工作效率。

表 1 – 8 – 4　安装与调试数据

实施步骤	完成情况	负责人	完成时间

实施反馈：记录小组实施中出现的异常情况以及解决措施。

（6）考核评价。
考核评价表见表 1 – 8 – 5。

表 1 – 8 – 5　考核评价表

评分标准								
评价内容	序号	主要内容	考核要求	评分细则	配分	扣分	得分	备注
职业素养与操作规范（20分）	1	工作前准备	①清点工具、仪表、元件并摆放整齐。②穿戴好劳动防护用品	①工作前，未检查电源、仪表及清点工具、元件，扣2分。②仪表、工具等摆放不整齐，扣3分。③未穿戴好劳动防护用品，扣5分	10			出现明显失误，造成安全事故；严重违反考场纪律，造成恶劣影响的本次测试记0分
	2	"7S"规范	①操作过程中及作业完成后，保持工具、仪表等摆放整齐。②操作过程中无不文明行为，具有良好的职业操守。③独立完成考核内容，合理解决突发事件。④具有安全用电意识，操作符合规范要求。⑤作业完成后清理、核对仪表及工具数量，清扫工作现场	①操作过程中及作业完成后，工具、仪表等摆放不整齐，扣2分。②工作过程中出现违反安全规范的，扣5分。③作业完成后未清理、核对仪表及工具数量，未清扫工作现场，扣3分	10			
作品（80分）	3	元件安装	①按图示要求，正确选择和安装元件。②元件安装要紧固，位置合适，元件连接规范、美观	①元件选择不正确，每个扣2分。②气压元件安装不牢固，每个扣2分。③行程开关、磁性开关、行程阀等安装位置不正确，每个扣5分。④元件布置不整齐、不合理，扣5分。⑤元件连接不规范、不美观，扣5分	20			
	4	系统连接	按图示要求，正确连接气动回路和电气控制线路	①气动回路连接不正确，扣10分。②电气控制线路连接不正确，扣5分	15			

评分标准								
评价内容	序号	主要内容	考核要求	评分细则	配分	扣分	得分	备注
作品（80分）	5	调试检查	①检查气压输出并调整，单独检查气路。②检查电源输出并单独检查电路。③上述两个步骤完成后对系统进行电路、气路联调	①未检查气压输出并调整，扣3分。②气压阀调整不正确，扣2分。③未检查气路连线，扣5分。④气压调整不合适（偏大或偏小），扣5分。⑤未检查电源输出以及电路，扣5分（纯气压回路本项不检查）	15			出现明显失误，造成安全事故；严重违反考场纪律，造成恶劣影响的本次测试记0分
	6	回路设计	回路设计合理	①回路功能不能实现，扣10分。②元件表示错误，扣5分。③元件功能错误，扣5分。④位移图错误，扣5分。⑤元件布局不规范扣5分	30			
合计分数								

四、总结

（1）本次任务新接触的内容描述。

（2）总结在任务实施中遇到的困难及解决措施。

（3）综合评价自己的得失，总结成长的经验和教训。

（4）简述为了提高延时精度，需要采用洁净稳定的压缩空气的必要性。

（5）延时阀如何调节时间？

课后作业

（1）简述延时阀的工作原理与组成部分。

（2）试设计一个延时控制回路，并进行仿真运行。

任务1.9 顺序动作控制回路的安装与调试

教学目的

（1）了解顺序动作控制回路的构成和性能；
（2）掌握顺序动作回路的应用；
（3）掌握顺序动作回路的分析和连接方法。

任务引入

两个双作用气缸（1A）和（2A）上装有一个电热焊接器，工件的厚度为 1.5～4 mm，接缝长度任意。两个气缸的活塞推力通过减压阀来控制，设定值 $p = 4$ bar（400 kPa）。同时按下两个按钮后，两个双作用气缸平行前进。为了控制压力，压力表安装在气缸和单向节流阀之间。经过 $t = 1.5$ s 后，气缸回到初始位置；或者按下另一个按钮可以直接进行回程运动。其示意图如图 1-9-1 所示。

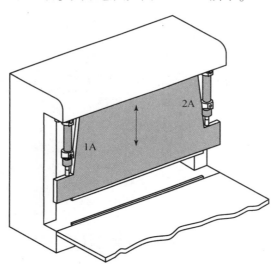

图 1-9-1 塑料焊接机装置

任务要求

（1）以简化形式画出不带信号示意线的位移-步骤图；
（2）设计和画出系统回路图；
（3）在实训台上调试运行回路；
（4）动作顺序符合要求。

知识链接

如图 1 − 9 − 2 所示的顺序控制回路，该回路动作顺序如下：1.0 缸先出，到 2.2 后 2.0 缸出；2.0 缸到 1.3 后 1.0 缸回，最后 2.0 缸回。

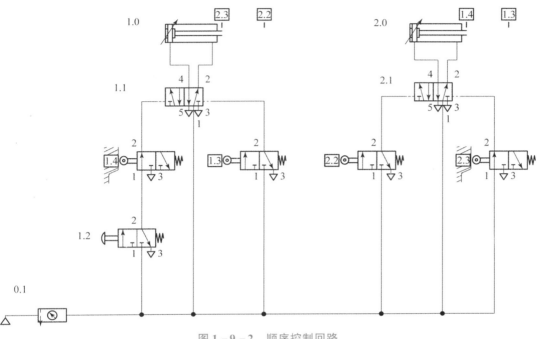

图 1 − 9 − 2　顺序控制回路

任务实施

一、计划与决策

根据任务要求，组员讨论并制订工作计划，填在表 1 − 9 − 1 中。

提示：
充分考虑设计气动回路图、回路仿真、安装接线和运行调试等环节。

表 1 − 9 − 1　工作计划

序号	内容	负责人	完成时间

序号	内容	负责人	完成时间

二、实施

按决策的内容实施设计、安装与调试工作，绘制气动回路图，填写数据。注重操作规范与工作效率。

（1）利用 FluidSIM 软件设计气动回路图，并仿真调试。

（2）在表 1 − 9 − 2 中列出回路元件清单。

表 1 − 9 − 2　回路元件清单

序号	元件符号	元件名称

（3）元件的确定。

根据设计回路选择相应元件，并填入表 1 − 9 − 3 中。

学习笔记

表 1 – 9 – 3　元件确定

序号	元件	数量	说明

（4）画出系统工作流程图。

（5）画出系统运动 – 状态图。

（6）画出系统位移 – 步骤图。

（7）安装与调试

按设计回路图实施安装与调试工作，并将数据等参数填在表 1 – 9 – 4 中。注重操作规范与工作效率。

表 1 – 9 – 4　安装与调试数据

实施步骤	完成情况	负责人	完成时间

实施反馈：记录小组实施中出现的异常情况以及解决措施。

（8）考核评价。

考核评价表见表 1 – 9 – 5。

表 1 – 9 – 5　考核评价表

评分标准								
评价内容	序号	主要内容	考核要求	评分细则	配分	扣分	得分	备注
职业素养与操作规范（20分）	1	工作前准备	①清点工具、仪表、元件并摆放整齐。②穿戴好劳动防护用品	①工作前，未检查电源、仪表及清点工具、元件，扣2分。②仪表、工具等摆放不整齐，扣3分。③未穿戴好劳动防护用品，扣5分	10			出现明显失误，造成安全事故；严重违反考场纪律，造成恶劣影响的本次测试记0分

78 ▋ 气压与液压传动技术

学习笔记

评价内容	序号	主要内容	考核要求	评分细则	配分	扣分	得分	备注
职业素养与操作规范（20分）	2	"7S"规范	①操作过程中及作业完成后，保持工具、仪表等摆放整齐。②操作过程中无不文明行为，具有良好的职业操守。③独立完成考核内容，合理解决突发事件。④具有安全用电意识，操作符合规范要求。⑤作业完成后清理、核对仪表及工具数量，清扫工作现场	①操作过程中及作业完成后，工具、仪表等摆放不整齐，扣2分。②工作过程中出现违反安全规范的，扣5分。③作业完成后未清理、核对仪表及工具数量，未清扫工作现场，扣3分	10			出现明显失误，造成安全事故；严重违反考场纪律，造成恶劣影响的本次测试记0分
作品（80分）	3	元件安装	①按图示要求，正确选择和安装元件。②元件安装要紧固，位置合适，元件连接规范、美观	①元件选择不正确，每个扣2分。②气压元件安装不牢固，每个扣2分。③行程开关、磁性开关、行程阀等安装位置不正确，每个扣5分。④元件布置不整齐、不合理，扣5分。⑤元件连接不规范、不美观，扣5分	20			
	4	系统连接	按图示要求，正确连接气动回路和电气控制线路	①气动回路连接不正确，扣10分。②电气控制线路连接不正确，扣5分	15			
	5	调试检查	①检查气压输出并调整，单独检查气路。②检查电源输出并单独检查电路。③上述两个步骤完成后对系统进行电路、气路联调	①未检查气压输出并调整，扣3分。②气压阀调整不正确，扣2分。③未检查气路连线，扣5分。④气压调整不合适（偏大或偏小），扣5分。⑤未检查电源输出以及电路，扣5分（纯气压回路本项不检查）	15			

评价内容	序号	主要内容	考核要求	评分细则	配分	扣分	得分	备注
作品（80分）	6	回路设计	回路设计合理	①回路功能不能实现，扣10分。②元件表示错误，扣5分。③元件功能错误，扣5分。④位移图错误，扣5分。⑤元件布局不规范，扣5分	30			出现明显失误，造成安全事故；严重违反考场纪律，造成恶劣影响的本次测试记0分
合计分数								

四、总结

（1）本次任务新接触的内容描述。

（2）总结在任务实施中遇到的困难及解决措施。

（3）综合评价自己的得失，总结成长的经验和教训。

课后作业

简述双手操作回路的特点。

任务1.10　自锁控制回路的安装与调试

教学目的

（1）了解自锁控制回路的构成和性能；
（2）掌握自锁控制回路的应用。
（3）掌握自锁控制回路的分析和连接方法。

任务引入

大型块状工件在工作线 1 或 2 上传送，按下按钮可以控制单作用气缸（1A）伸出，过 1 s 后再次按下另一个按钮，气缸缩回，弹簧复位的单气控换向阀为最终控制元件。通过气动自锁回路可以记忆前进信号。其示意图如图 1 – 10 – 1 所示。

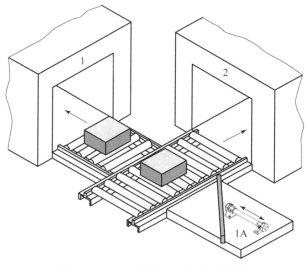

图 1 – 10 – 1　圆柱工件的分离装置

任务要求

（1）以简化形式画出不带信号示意线的位移－步骤图；
（2）设计和画出系统回路图；
（3）在实训台上调试运行回路；
（4）动作顺序符合要求。

知识链接

自锁控制回路：图 1 － 10 － 2 所示为自锁回路，主控阀 3 无记忆，按下手控阀 1，主控阀 3 右位接入，活塞杆伸出，按钮松开不换向，只有按下阀 2 才换向。

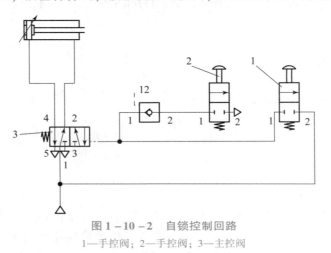

图 1 － 10 － 2 自锁控制回路
1—手控阀；2—手控阀；3—主控阀

任务实施

一、计划与决策

根据任务要求，组员讨论并制订工作计划，填在表 1 － 10 － 1 中。

> 提示：
> 充分考虑设计气动回路图、回路仿真、安装接线和运行调试等环节。

表 1 － 10 － 1 工作计划

序号	内容	负责人	完成时间

序号	内容	负责人	完成时间

二、实施

按决策的内容实施设计、安装与调试工作，绘制气动回路图，填写数据。注重操作规范与工作效率。

（1）利用 FluidSIM 软件设计气动回路图，并仿真调试。

（2）在表 1 – 10 – 2 中列出回路元件清单。

表 1 – 10 – 2　回路元件清单

序号	元件符号	元件名称

（3）元件的确定。

根据设计回路选择相应元件，并填入表 1 – 10 – 3 中。

表 1 – 10 – 3 元件确定

序号	元件	数量	说明

（4）画出系统位移 – 步骤图。

（5）安装与调试。

按设计回路图实施安装与调试工作，并将数据等参数填在表 1 – 10 – 4 中。注重操作规范与工作效率。

表 1 – 10 – 4 安装与调试数据

实施步骤	完成情况	负责人	完成时间

实施反馈：记录小组实施中出现的异常情况以及解决措施。

（6）考核评价。

考核评价表见表 1 – 10 – 5。

表 1 – 10 – 5　考核评价表

评价内容	序号	主要内容	考核要求	评分细则	配分	扣分	得分	备注
				评分标准				
职业素养与操作规范（20分）	1	工作前准备	①清点工具、仪表、元件并摆放整齐。②穿戴好劳动防护用品	①工作前，未检查电源、仪表及清点工具、元件，扣2分。②工具、仪表等摆放不整齐，扣3分。③未穿戴好劳动防护用品，扣5分	10			出现明显失误，造成安全事故；严重违反考场纪律，造成恶劣影响的本次测试记0分
	2	"7S"规范	①操作过程中及作业完成后，保持工具、仪表等摆放整齐。②操作过程中无不文明行为，具有良好的职业操守。③独立完成考核内容，合理解决突发事件。④具有安全用电意识，操作符合规范要求。⑤作业完成后清理、核对仪表及工具数量，清扫工作现场	①操作过程中及作业完成后，工具等摆放不整齐，扣2分。②工作过程中出现违反安全规范的，扣5分。③作业完成后未清理、核对仪表及工具数量，未清扫工作现场，扣3分	10			
作品（80分）	3	元件安装	①按图示要求，正确选择和安装元件。②元件安装要紧固，位置合适，元件连接规范、美观	①元件选择不正确，每个扣2分。②气压元件安装不牢固，每个扣2分。③行程开关、磁性开关、行程阀等安装位置不正确，每个扣5分。④元件布置不整齐、不合理，扣5分。⑤元件连接不规范、不美观，扣5分	20			
	4	系统连接	按图示要求，正确连接气动回路和电气控制线路	①气动回路连接不正确，扣10分。②电气控制线路连接不正确，扣5分	15			

评价内容	序号	主要内容	考核要求	评分细则	配分	扣分	得分	备注
作品（80分）	5	调试检查	①检查气压输出并调整，单独检查气路。②检查电源输出并单独检查电路。③上述两个步骤完成后对系统进行电路、气路联调	①未检查气压输出并调整，扣3分。②气压阀调整不正确，扣2分。③未检查气路连线，扣5分。④气压调整不合适（偏大或偏小），扣5分。⑤未检查电源输出以及电路，扣5分（纯气压回路本项不检查）	15			出现明显失误，造成安全事故；严重违反考场纪律，造成恶劣影响的本次测试记0分
	6	回路设计	回路设计合理	①回路功能不能实现，扣10分。②元件表示错误，扣5分。③元件功能错误，扣5分。④位移图错误，扣5分。⑤元件布局不规范，扣5分	30			
合计分数								

四、总结

（1）本次任务新接触的内容描述。

（2）总结在任务实施中遇到的困难及解决措施。

（3）综合评价自己的得失，总结成长的经验和教训。

 课后作业

（1）简述气动自锁回路的特点。

（2）如何调速控制单作用气缸？

 **任务1.11** 互锁控制回路的安装与调试

教学目的

（1）掌握互锁回路的构成与应用；
（2）能够对互锁回路进行分析和连接。

任务引入

圆柱形工件在导轨上一对一对地被送至下一个工作站。为了将它们两两分离，需同时驱动两个双作用气缸。在初始位置，上部的气缸 1A1 缩回，下部的气缸 1A2 在伸出位置；开始信号驱动气缸 1A1 前进、气缸 1A2 缩回，两个工件一起送至下一工作站。经过一个可调时间 $t_1 = 1$ s 后，气缸 1A1 缩回。当时间间隔 $t_2 = 2$ s 时，新的循环开始。按下按钮回路接通，另一个阀可以在单循环和连续循环间转换。其示意图如图 1 – 11 – 1 所示。

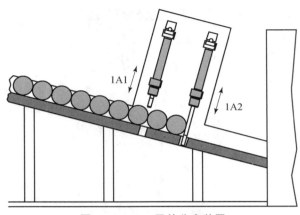

图 1 – 11 – 1　元件分离装置

任务要求

（1）以简化形式画出不带信号示意线的位移 – 步骤图；

（2）设计和画出系统回路图；

（3）在实训台上调试运行回路；

（4）动作顺序符合要求。

知识链接

互锁控制回路：图 1 – 11 – 2 所示为一互锁控制回路。回路中主控阀（二位四通阀）的换向受三个串联的机动三通阀控制，即只有在三个机动阀都接通时，主控阀才能换向，活塞杆才能向下伸出。

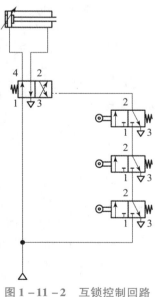

图 1 – 11 – 2　互锁控制回路

任务实施

一、计划与决策

根据任务要求，组员讨论并制订工作计划，填在表 1 – 11 – 1 中。

提示：

充分考虑设计气动回路图、回路仿真、安装接线和运行调试等环节。

表 1 – 11 – 1 工作计划

序号	内容	负责人	完成时间

二、实施

按决策的内容实施设计、安装与调试工作，绘制气动回路图，填写数据。注重操作规范与工作效率。

（1）利用 FluidSIM 软件设计气动回路图，并仿真调试。

（2）在表 1 – 11 – 2 中列出回路元件清单。

表 1 – 11 – 2　回路元件清单

序号	元件符号	元件名称

（3）元件的确定。

根据设计回路选择相应元件，并填入表 1 – 11 – 3 中。

表 1 – 11 – 3　元件确定

序号	元件	数量	说明

（4）画出系统位移 – 步骤图。

（5）安装与调试。

按设计回路图实施安装与调试工作，并将数据等参数填在表 1 – 11 – 4 中。注重操作规范与工作效率。

表 1 – 11 – 4　安装与调试数据

实施步骤	完成情况	负责人	完成时间

实施反馈：记录小组实施中出现的异常情况以及解决措施。

（6）考核评价。

考核评价表见表 1 – 11 – 5。

表 1 – 11 – 5　考核评价表

评价内容	序号	主要内容	考核要求	评分细则	配分	扣分	得分	备注
职业素养与操作规范（20分）	1	工作前准备	①清点工具、仪表、元件并摆放整齐。②穿戴好劳动防护用品	①工作前，未检查电源、仪表、清点工具、元件，扣2分。②仪表、工具等摆放不整齐，扣3分。③未穿戴好劳动防护用品，扣5分	10			出现明显失误，造成安全事故；严重违反考场纪律，造成恶劣影响的本次测试记0分

评分标准								
评价内容	序号	主要内容	考核要求	评分细则	配分	扣分	得分	备注
职业素养与操作规范（20分）	2	"7S"规范	①操作过程中及作业完成后，保持工具、仪表等摆放整齐。②操作过程中无不文明行为，具有良好的职业操守。③独立完成考核内容，合理解决突发事件。④具有安全用电意识，操作符合规范要求。⑤作业完成后清理、核对仪表及工具数量，清扫工作现场	①操作过程中及作业完成后，工具等摆放不整齐，扣2分。②工作过程中出现违反安全规范的，扣5分。③作业完成后未清理、核对仪表及工具数量，未清扫工作现场，扣3分	10			出现明显失误，造成安全事故；严重违反考场纪律，造成恶劣影响的本次测试记0分
作品（80分）	3	元件安装	①按图示要求，正确选择和安装元件。②元件安装要紧固，位置合适，元件连接规范、美观	①元件选择不正确，每个扣2分。②气压元件安装不牢固，每个扣2分。③行程开关、磁性开关、行程阀等安装位置不正确，每个扣5分。④元件布置不整齐、不合理，扣5分。⑤元件连接不规范、不美观，扣5分	20			
	4	系统连接	按图示要求，正确连接气动回路和电气控制线路	①气动回路连接不正确，扣10分。②电气控制线路连接不正确，扣5分	15			
	5	调试检查	①检查气压输出并调整，单独检查气路。②检查电源输出并单独检查电路。③上述两个步骤完成后对系统进行电路、气路联调	①未检查气压输出并调整，扣3分。②气压阀调整不正确，扣2分。③未检查气路连线，扣5分。④气压调整不合适（偏大或偏小），扣5分。⑤未检查电源输出以及电路，扣5分（纯气压回路本项不检查）	15			

评价内容	序号	主要内容	考核要求	评分细则	配分	扣分	得分	备注
				评分标准				
作品（80分）	6	回路设计	回路设计合理	①回路功能不能实现，扣10分。②元件表示错误，扣5分。③元件功能错误，扣5分。④位移图错误，扣5分。⑤元件布局不规范，扣5分	30			出现明显失误，造成安全事故；严重违反考场纪律，造成恶劣影响的本次测试记0分
合计分数								

四、总结

（1）本次任务新接触的内容描述。

（2）总结在任务实施中遇到的困难及解决措施。

（3）综合评价自己的得失，总结成长的经验和教训。

 课后作业

简述互锁回路的特点，并思考有无其他类型的替代回路。

任务1.12　多缸动作回路安装与调试

教学目的

（1）掌握用两个主控阀分别控制的两个双作用气缸的间接控制；

（2）掌握用3/2惰轮杆行程阀作为信号关断开关；

（3）认识持续控制信号可能产生的问题（用信号关断方法解决）——障碍信号的识别及消除方法；

（4）能够通过调节工作压力限制活塞压力。

任务引入

当按下按钮开关时，阀门动作，双作用气缸1A将从料斗中落下的用作摄影箱体的铸件推到加工台并夹紧；然后，双作用气缸2A在限定压强下与气缸1A成90°直角伸出，将铸件夹紧。压力调节阀将压力限定在 $p = 400$ kPa $= 4$ bar，两气缸的前向运动时间 $t_1 = t_2 = 1$ s。

当摄影箱加工完毕，按下另一个按钮开关，两气缸以相反的次序（气缸2A先回程，然后气缸1A）依次在无节流情况下回程。示意图如图 1-12-1 所示。

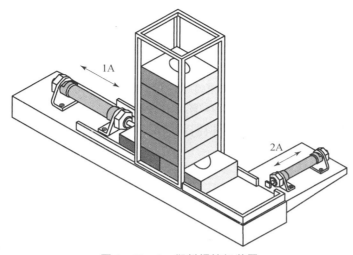

图 1 – 12 – 1　塑料焊接机装置

任务要求

（1）以简化形式画出不带信号示意线的位移 – 步骤图；

（2）设计和画出系统回路图；

（3）在实训台上调试运行回路；

（4）动作顺序符合要求。

知识链接

一、气动回路设计

（1）设计系统主回路。

（2）决定每个执行元件检测信号的位置。

（3）画出检测信号的布置图，一般用符号表示。

（4）在上述基础上加入输入信号（气缸按钮阀）和气源。

（5）加入系统运行时的调速装置。

（6）确定检测元件与代号的关联。

（7）给各个元件标号。

（8）气路连接。

（9）分析回路动作特性，检查有无故障。

二、重叠信号

在运动控制系统中，只有一端出现气控信号时，5/2 记忆阀才能改变位置。如果两个气控信号同时出现，即两个气控信号同时作用在 5/2 阀上，就会出现信号重叠问题。

消除重叠信号方法：

机械消障，适用于定位精度要求不高、速度不太大的场合。因程序运行时行程阀必须允许挡块通过，所以行程阀不能对气缸行程进行精确限位。

脉冲回路消障法：借助换向阀消除信号是一种常用的方法。用这种方法，各个换向阀所消除的信号可以被保持下来，这种方法在运行中是相当可靠的。它的基本思想是：在需要使记忆阀动作时，才允许控制信号起作用。这可通过用换向阀切断信号元件的供气输入来到达目的，即，仅仅在需要有信号时，才向信号元件供气；脉冲阀常起换向作用，其主要难点是怎样选择换向阀的信号。

任务实施

一、计划与决策

根据任务要求，组员讨论并制订工作计划，填在表 1 – 12 – 1 中。

> 提示：
> 充分考虑设计气动回路图、回路仿真、安装接线和运行调试等环节。

表 1 – 12 – 1 工作计划

序号	内容	负责人	完成时间

二、实施

按决策的内容实施设计、安装与调试工作，绘制气动回路图，填写数据。注重操作规范与工作效率。

（1）利用 FluidSIM 软件设计气动回路图，并仿真调试。

（2）在表1 – 12 – 2中列出回路元件清单。

表1 – 12 – 2　回路元件清单

序号	元件符号	元件名称

（3）元件的确定。

根据设计回路选择相应元件，并填入表1 – 12 – 3中。

表1 – 12 – 3　元件确定

序号	元件	数量	说明

（4）画出系统工作流程图。

（5）画出系统运动 – 状态图。

（6）画出系统位移 – 步骤图。

（7）安装与调试。

按设计回路图实施安装与调试工作，并将数据等参数填在表 1 – 12 – 4 中。注重操作规范与工作效率。

表 1 – 12 – 4　安装与调试数据

实施步骤	完成情况	负责人	完成时间

实施反馈：记录小组实施中出现的异常情况以及解决措施。

（8）考核评价。

考核评价表见表 1 – 12 – 5。

表 1 - 12 - 5　考核评价表

评价内容	序号	主要内容	考核要求	评分细则	配分	扣分	得分	备注
评分标准								
职业素养与操作规范（20分）	1	工作前准备	①清点工具、仪表、元件并摆放整齐。②穿戴好劳动防护用品	①工作前，未检查电源、仪表及清点工具、元件，扣2分。②工具、仪表等摆放不整齐，扣3分。③未穿戴好劳动防护用品，扣5分	10			出现明显失误，造成安全事故；严重违反考场纪律，造成恶劣影响的本次测试记0分
	2	"7S"规范	①操作过程中及作业完成后，保持工具、仪表等摆放整齐。②操作过程中无不文明行为，具有良好的职业操守。③独立完成考核内容，合理解决突发事件。④具有安全用电意识，操作符合规范要求。⑤作业完成后清理、核对仪表及工具数量，清扫工作现场	①操作过程中及作业完成后，工具等摆放不整齐，扣2分。②工作过程中出现违反安全规范的，扣5分。③作业完成后未清理、核对仪表及工具数量，未清扫工作现场，扣3分	10			
作品（80分）	3	元件安装	①按图示要求，正确选择和安装元件。②元件安装要紧固，位置合适，元件连接规范、美观	①元件选择不正确，每个扣2分。②气压元件安装不牢固，每个扣2分。③行程开关、磁性开关、行程阀等安装位置不正确，每个扣5分。④元件布置不整齐、不合理，扣5分。⑤元件连接不规范、不美观，扣5分	20			
	4	系统连接	按图示要求，正确连接气动回路和电气控制线路	①气动回路连接不正确，扣10分。②电气控制线路连接不正确，扣5分	15			

				评分标准				
评价内容	序号	主要内容	考核要求	评分细则	配分	扣分	得分	备注
作品（80分）	5	调试检查	①检查气压输出并调整，单独检查气路。②检查电源输出并单独检查电路。③上述两个步骤完成后对系统进行电路、气路联调	①未检查气压输出并调整，扣3分。②气压阀调整不正确，扣2分。③未检查气路连线，扣5分。④气压调整不合适（偏大或偏小），扣5分。⑤未检查电源输出以及电路，扣5分（纯气压回路本项不检查）	15			出现明显失误，造成安全事故；严重违反考场纪律，造成恶劣影响的本次测试记0分
	6	回路设计	回路设计合理	①回路功能不能实现，扣10分。②元件表示错误，扣5分。③元件功能错误，扣5分。④位移图错误，扣5分。⑤元件布局不规范，扣5分	30			
合计分数								

四、总结

（1）本次任务新接触的内容描述。

（2）总结在任务实施中遇到的困难及解决措施。

（3）综合评价自己的得失，总结成长的经验和教训。

 课后作业

简述信号重叠的概念和消除信号重叠的方法。

项目二 电子气动控制回路安装与调试

一、知识目标

（1）了解传感器在实际工业气动系统中的应用；

（2）了解气动系统的电子控制方法；

（3）掌握常用的基本回路，进行简单的气动系统设计。

二、能力目标

（1）认识各种元件的职能符号，具有绘制各种元件职能符号的能力；

（2）具备认识各种气动元件的能力；

（3）能正确分析各常用元件的工作原理；

（4）能读懂用元件职能符号画出的系统原理图；

（5）能正确分析气动系统的组成和工作原理；

（6）能按照给定的气动原理图进行元件的选择；

（7）能按照给定的气动原理图进行回路的正确安装和简单调试；

（8）具备各种气动元件的基本装配方法、装配技术和装配组织形式的选择与应用能力；

（9）具备运用通用、常用工具进行元件安装、拆卸的能力；

（10）具备运用通用紧固工具和测量工具进行设备装配的能力；

（11）具备设备调整和试车的能力；

（12）具备正确诊断、排除设备故障的基本能力。

三、素质目标

（1）具备容忍、沟通能力，能够协调人际关系，适应社会环境；

（2）具有较强的专业表达能力，能用专业术语口头或书面表达工作任务；

（3）具备自我学习能力和良好的心理承受能力；

（4）养成团队合作、认真负责的工作作风，能够独立寻找解决问题的途径；

（5）养成遵守工艺、劳动纪律和文明生产的习惯；

（6）积极做好7S管理，具备良好的作业习惯。

知识链接

一、常用电气元件的符号及说明

1. 电源

电源符号及功能见表2-1。

表2-1　电源符号及功能

序号	元件名称	图形符号	元件功能
1	电源负极	0 V	电源负极0 V接线端
2	电源正极	+24 V	电源正极24 V接线端
3	接线端	○	接线端是连接电缆的位置
4	电缆	——	电缆用于连接两个接线端
5	T形接线端		T形连接最多可连接三条电缆，因此，其具有唯一的电压值

2. 信号元件

信号元件符号及功能见表2-2。

表2-2　信号元件符号及功能

序号	元件名称	图形符号	元件功能
1	指示灯	1	如果有电流通过，则指示灯按用户定义颜色发光
2	蜂鸣器	2	如果有电流通过，则在蜂鸣器四周会发出光环

3. 开关触点

开关触点符号及功能见表2-3。

表2-3　开关触点符号及功能

序号	元件名称	图形符号	元件功能
1	常闭触点	3	根据驱动常闭触点的电气元件类型，其可变为另一种触点

序号	元件名称	图形符号	元件功能
2	常开触点	4	根据驱动常开触点的电气元件类型,其可以变为另一种触点
3	转换触点		根据驱动转换触点的电气元件类型,其可以变为另一种转换触点

4. 延时触点

延时触点符号及功能见表2-4。

表2-4 延时触点符号及功能

序号	元件名称	图形符号	元件功能
1	延时断开触点		这种触点动作后,经过一段延时才断开
2	延时闭合触点		这种触点动作后,经过一段延时才闭合
3	延时断开转换触点		这种触点动作后,经过一段延时才进行状态转换
4	延时闭合触点		这种触点动作后,经过一段延时才闭合
5	延时断开触点		这种触点断开后,经过一段延时才断开
6	延时闭合转换触点		这种触点动作后,经过一段延时才进行状态转换

5. 行程开关

行程开关符号及功能见表2-5。

表2-5 行程开关符号及功能

序号	元件名称	图形符号	元件功能
1	行程开关(常闭触点)		该行程开关由与气缸活塞杆连接的凸轮断开

序号	元件名称	图形符号	元件功能
2	行程开关（常开触点）		该行程开关由与气缸活塞杆相连的凸轮闭合。当凸轮已经通过了该行程开关时，其立即断开
3	行程开关（转换触点）		该行程开关由与气缸活塞杆相连的凸轮进行状态转换。当凸轮已经通过了该行程开关时，其立即变回原来状态

6. 手动开关

手动开关的符号及功能见表2-6。

表2-6　手动开关的符号及功能

序号	元件名称	图形符号	元件功能
1	按钮开关（常闭）		驱动该按钮开关时，触点断开；释放该按钮开关时，触点立即闭合
2	按钮开关（常开）		驱动该按钮开关时，触点闭合；释放该按钮开关时，触点立即断开
3	按钮转换开关		驱动按钮转换开关时，触点进行状态转换；释放按钮转换开关时，触点立即复位
4	按键开关（常闭）		当驱动该开关时，触点断开，并锁定触点断开状态
5	按键开关（常开）		当驱动该开关时，触点闭合，并锁定触点闭合状态
6	按键转换开关		当驱动按键转换开关时，触点进行状态转换，并锁定触点转换状态

7. 压力开关

压力开关的符号及功能见表2-7。

表 2-7　压力开关的符号及功能

序号	元件名称	图形符号	元件功能
1	压力开关 （常闭触点）	P >	如果超过可调压力开关设定压力，则该开关断开
2	压力开关 （常开触点）	P >	如果超过可调压力开关设定压力，则该开关闭合
3	压力开关 （转换触点）	P >	如果超过可调压力开关设定压力，则该开关进行状态转换
4	可调压力 开关		如果超过设定压力，则可调压力开关切换，并驱动相应电气元件动作

8. 接近开关

接近开关符号及功能见表 2-8。

表 2-8　接近开关符号及功能

序号	元件名称	图形符号	元件功能
1	磁感应式 接近开关		当该开关接近磁场时，开关触点闭合
2	电感式 接近开关		如果超过可调压力开关设定压力，则该开关闭合
3	电容式 接近开关		当该开关静电场变化时，开关触点闭合
4	光电式 接近开关		当该开关光路被阻碍时，开关触点闭合

9. 继电器

继电器符号及功能见表2-9。

表2-9　继电器符号及功能

序号	元件名称	图形符号	元件功能
1	继电器线圈	1	当继电器线圈流过电流时，继电器触点闭合；当继电器线圈无电流时，继电器触点立即断开
2	延时闭合继电器	2　5	当继电器线圈流过电流时，经过预置时间延时，继电器触点闭合；当继电器线圈无电流时，继电器触点断开
3	延时断开继电器	2　5	当继电器线圈流过电流时，继电器触点闭合；当继电器线圈无电流时，经过预置时间延时，继电器触点断开
4	电子计数器	A1 R1　5　A2 R2	在接线端A1和A2之间的脉冲数达到预置电流脉冲数后，继电器触点闭合；如果在接线端R1和R2之间施加电压，则电子计数器被复位至预置值

10. 电磁线圈

电磁线圈符号及功能见表2-10。

表2-10　电磁线圈符号及功能

序号	元件名称	图形符号	元件功能
1	电磁线圈	1	电磁线圈可用于驱动电控阀动作

二、典型电气回路及控制

1. 直接控制

如图2-1（a）和图2-1（b）所示，初始状态时继电器K1和指示灯未被激励，当按钮SA1被按下并保持后，K1和灯被激励；当释放SA1后，K1和灯又恢复初始状态。

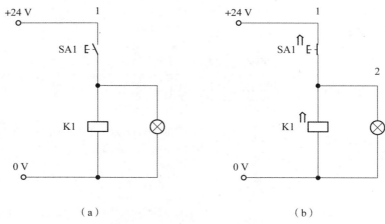

（a）　　　　　　　　　　　（b）

图 2 - 1　直接控制初始及按下按钮状态

（a）初始状态；（b）按下按钮状态

2. 间接控制

如图 2 - 2（a）和图 2 - 2（b）所示，初始状态时继电器 K1、电磁阀 Y1 和指示灯未被激励，当按钮 SA2 被按下并保持后，K 被激励，其常开辅助触头闭合，从而使 Y1 和指示灯激励。当释放 SA2 后，K 线圈释电，其常开辅助触头断开，Y1 和灯又恢复初始状态。

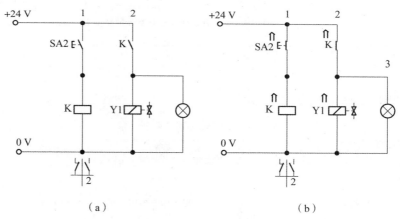

（a）　　　　　　　　　　　（b）

图 2 - 2　间接控制初始及按下按钮状态

（a）初始状态；（b）按下按钮状态

3. 启动优先

如图 2 - 3 所示，初始状态时继电器 K2 未被激励，当按钮 SA 被按下后，K2 线圈被激励，其常开辅助触头闭合，K2 线圈被保持在得电状态。当按钮 TA 被按下后，K2 线圈释电，又恢复初始状态。但要注意该电路：如果先将按钮 TA 按下并保持断开状态，然后再按下按钮 SA，继电器线圈 K2 还是被激励，也就是说该电路是启动优先的。

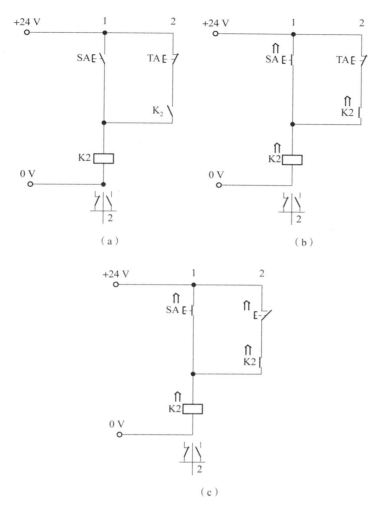

图 2-3 启动优先初始及按下按钮状态

（a）启动优先初始状态；（b）启动优先按钮按下状态一；
（c）启动优先按钮按下状态二

4. 停止优先

如图 2-4 所示，初始状态时继电器 K1 未被激励，当按钮 SA1 被按下后，K1 线圈被激励，其常开辅助触头闭合，K1 线圈被保持在得电状态。当按钮 TA 被按下后，K1 线圈释电，又恢复初始状态。但要注意该电路：如果先将按钮 TA 按下并保持断开状态，然后再按下按钮 SA，继电器线圈 K2 永远不能被激励，也就是说该电路是断开或停止优先的。

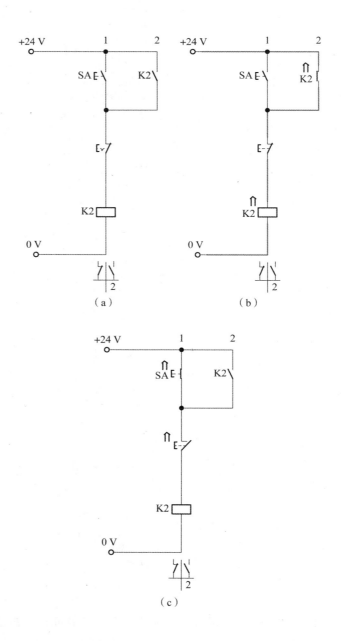

图2-4 停止优先初始、按下按钮状态

（a）停止优先初始状态；（b）停止优先按钮按下状态一；

（c）停止优先按钮按下状态二

5. 联锁回路

图 2-5 所示为联锁回路初始及按钮按下状态，图 2-6 所示为联锁回路 SA1、SA2 按钮按下状态，初始状态时继电器 K1 和 K2 均未被激励，SSW 为自保持的选择开关。当 SSW 合上后，如果按钮 SA1 被按下，K1 线圈被激励，其常开辅助触头闭合，K1 线圈被保持在得电状态；当按钮 SA2 被按下后，K1 线圈释电，K2 线圈被激励。此后，如果按钮 SA1 被按下，则 K2 线圈释电，K1 线圈被激励，如此循环。当 SSW 断开后，K1 和 K2 又恢复初始失电状态。但要注意该电路：如果 SSW 合上，按钮 SA1 和 SA2 同时按下并保持，此时由于按钮的牵制作用，继电器线圈 K1、K2 均未能被激励，这种电路称为"联锁"电路。

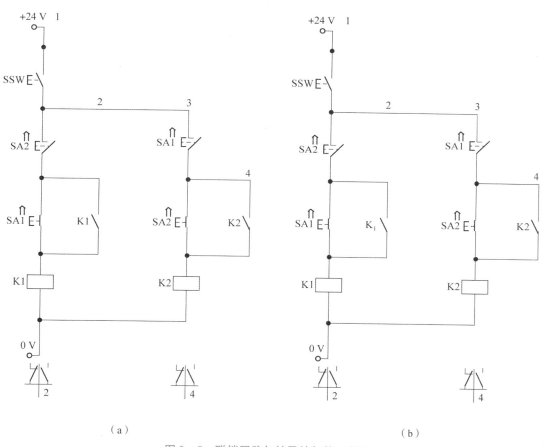

（a）   （b）

图 2-5　联锁回路初始及按钮按下状态

（a）联锁回路初始状态；（b）联锁回路两个按钮按下状态

6. 自锁回路

如图 2-7 所示，初始状态时继电器 K3 未被激励，当按钮 SA1 被按下后，K3 和 K2 线圈被激励，其常开辅助触头闭合，K3 线圈被保持在得电状态。当被按下后，K3 线圈释电，K3 又恢复初始失电状态。但要注意该电路：按钮 SA1 按下后可以很快释放，K3 线圈继续得电，除非按下按钮 TA1，这种电路称为"自锁"电路。

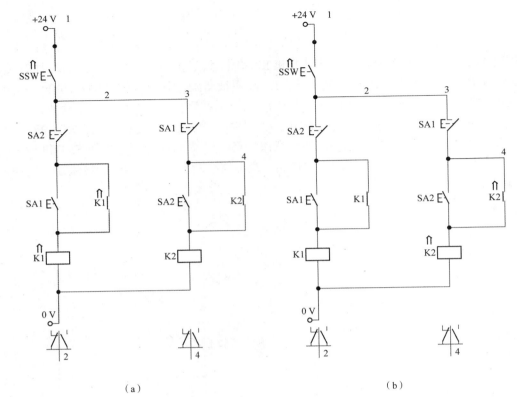

（a）　　　　　　　　　　　　　　　（b）

图 2 - 6　联锁回路 SA1、SA2 按钮按下状态

（a）联锁回路 SA1 按钮按下状态；（b）联锁回路 SA2 按钮按下状态

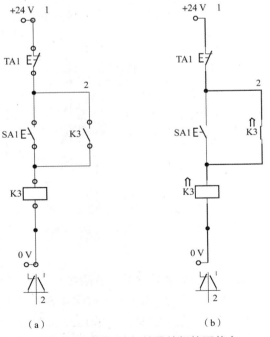

（a）　　　　　　　　　　　（b）

图 2 - 7　自锁回路初始及按钮按下状态

（a）自锁回路初始状态；（b）自锁回路按钮按下状态

7. 延时回路

1）通电延时

图2-8和图2-9所示为通电延时回路，初始状态时继电器K1、时间继电器T1、指示灯HL1和蜂鸣器BZ1均未被激励，SSW为自锁的选择开关。当SSW合上后蜂鸣器BZ1开始鸣叫，如图2-8所示。按钮SA1被按下后，K1线圈被激励，其常开辅助触头闭合，K1线圈被保持在得电状态，从而使时间继电器T1线圈得电，并开始计时。在计时过程中，电路状态如图2-9所示；当计时到设定值后，其状态如图2-10所示，蜂鸣器BZ1断开，而指示灯HL1被激励（点亮）。当SSW断开或按钮TA被按下后，K1线圈失电，T1线圈失电，从而使时间继电器T2开始计时。在计时过程中，电路状态如图2-9（a）所示；当计时到设定值后，其状态如图2-9（b）所示。

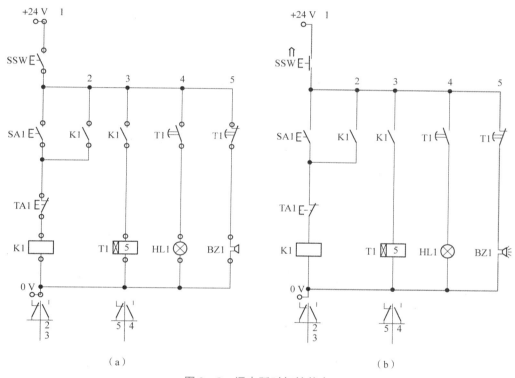

（a）　　　　　　　　　　　　　　（b）

图2-8　通电延时初始状态

（a）通电延时初始状态一；（b）通电延时初始状态二

2）断电延时

图2-10～图2-12所示为断电延时回路。初始状态时继电器K2、时间继电器T2、指示灯HL2和蜂鸣器BZ2均未被激励，SSW为自锁的选择开关。当SSW合上后蜂鸣器BZ2开始鸣叫，如图2-10（b）所示。当按钮SA1被按下后，K2线圈被激励，其常开辅助触头闭合，K2线圈被保持在得电状态，从而使时间继电器T2线圈得电，同时蜂鸣器BZ2断开，指示灯HL2被激励（点亮）。当按钮TA1被按下后，K2线圈失电，T2线圈失电，从而使时间继电器T2开始计时。在计时过程中，电路状态如图2-11（a）所示；当计时到设定值后，其状态如图2-12所示。

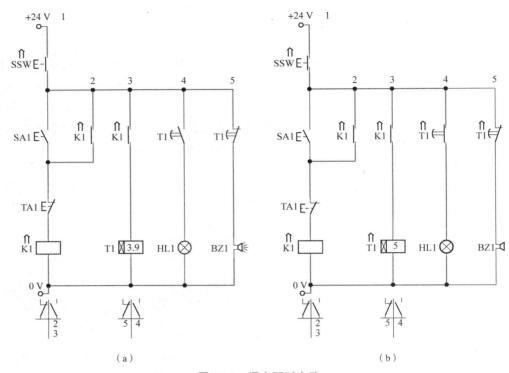

（a）　　　　　　　　　　（b）

图 2 - 9　通电延时电路

（a）通电延时计时过程状态；（b）通电延时计时到设定值状态

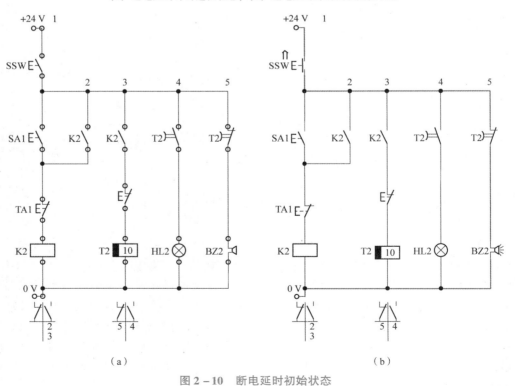

（a）　　　　　　　　　　（b）

图 2 - 10　断电延时初始状态

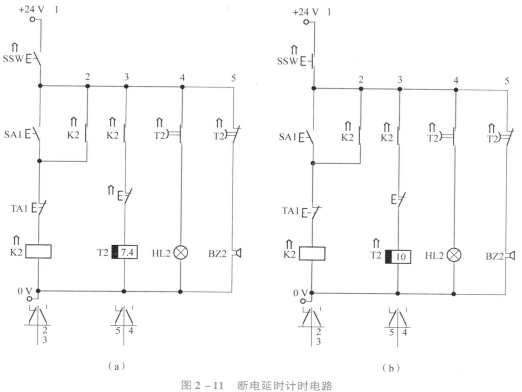

图 2 – 11　断电延时计时电路

（a）断电延时计时过程状态；（b）断电延时计时器得电状态

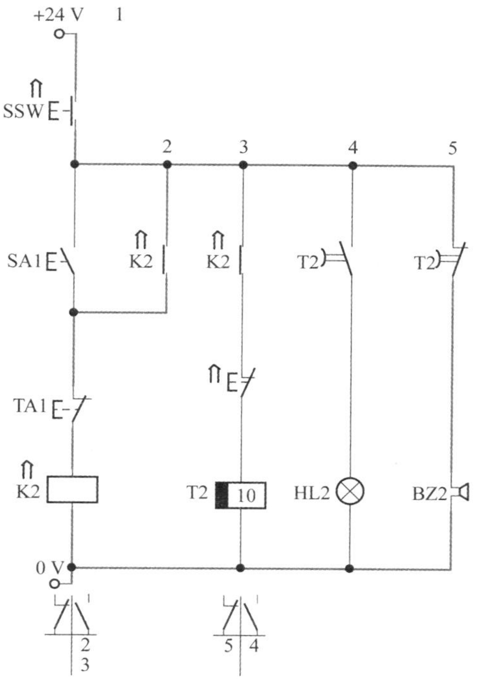

图 2 – 12　通电延时计时到设定值状态

8. 计数回路

图 2-13 所示为单个计数器电路，SA1、TA1 代表按钮，C1 表示计数器，HL1 为指示灯，BZ1 为蜂鸣器。初始状态时 HL1 和 BZ1 未被激励，按钮 SA1 每按下一次，计数器的计数线圈就被计数一次；当按钮 SA1 被按下 5 次（设定值）后，C1 被激励，其常开辅助触头闭合，HL1 点亮，BZ1 鸣叫，并一直保持在该状态，如图 2-13（b）所示。当按钮 TA1 被按下后，C1 的复位线圈得电，C1 和整个电路又恢复到初始状态。

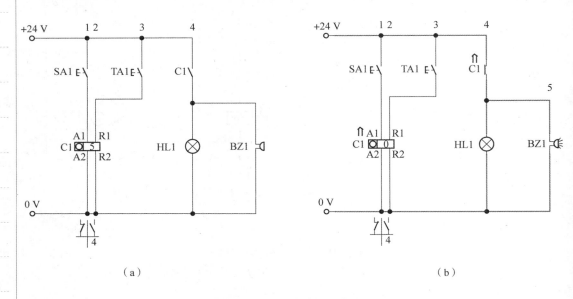

（a） （b）

图 2-13 单个计数器电路
（a）单个计数器初始状态；（b）单个计数器达到设定值状态

但要注意该电路：如果先将按钮 TA1 按下并保持断开状态，然后再按下按钮 SA1，则该电路是无法工作的，也就是说，计数器的复位线圈是优先的。同时，计数线圈是用脉冲来驱动计数的。

图 2-14 所示为多个（该电路为两个）计数器电路，SA1、TA1 代表按钮，C2、C3 表示计数器，HL2 为指示灯，BZ2 为蜂鸣器。初始状态时 HL2 和 BZ2 未被激励，如图 2-14（a）所示。按钮 SA1 每被按下一次，计数器 C2 的计数线圈就被计数一次；当按钮 SA1 被按下 5 次（设定值）后，C2 被激励，C3 的计数线圈就被计数一次；同时，计数器 C2 的常开辅助触头使得 C2 本身复位，计数器 C2 又回到初始状态。当按钮 SA1 被再按下 5 次（设定值）后，C2 又被激励，C3 的计数线圈就又被计数一次；同时，计数器 C2 的常开辅助触头使得 C2 本身复位，计数器 C2 又回到初始状态。如此这般，按钮 SA1 被按下总计 15 次（5×3）后，C3 被激励，HL2 点亮，BZ2 鸣叫，并一直保持在该状态，如图 2-14（b）所示。当按钮 TA1 被按下后，C2 和 C3 的复位线圈得电，C2 和 C3 以及整个电路又恢复到初始状态。

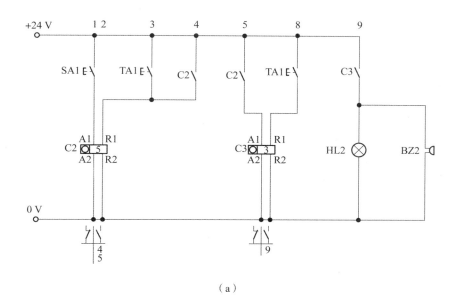

（a）

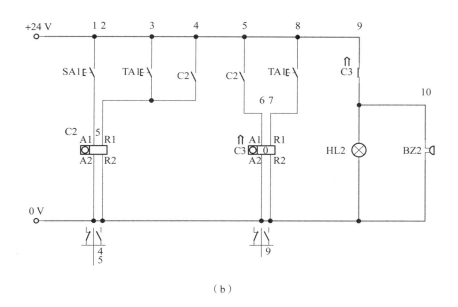

（b）

图 2 - 14　两个计数器电路

（a）两个计数器初始状态；（b）两个计数器达到设定值状态

　　但要注意该电路：如果先将按钮 TA1 按下并保持断开状态，然后再按下按钮 SA1，则该电路是无法工作的。也就是说，计数器的复位线圈是优先的，同时计数线圈是由脉冲来驱动计数的。

任务2.1　推料装置设计、安装与调试

任务说明

　　将传输系统传送过来的工件推向下一个工位。按下点动按钮 S1 后，气缸 Z1 的活塞杆伸出，推出工件。当气缸的活塞杆到达前终端位置时，气缸的活塞杆自动返回。通常使用带弹簧复位的（5/2）二位五通电磁换向阀作为主控元件。气缸活塞杆的伸出速度可以无级调节，实验中使用了一个感应开关。其示意图如图 2 – 1 – 1 所示。

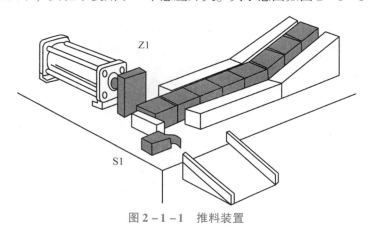

图 2 – 1 – 1　推料装置

任务目的

　　（1）气缸用感应开关的使用；
　　（2）单控电磁阀的使用。

任务要求

　　（1）以简化形式画出不带信号示意线的位移 – 步骤图；
　　（2）设计并画出气动和电气回路图；
　　（3）在实训台上调试运行回路；
　　（4）动作顺序符合要求。

任务实施

一、计划与决策

　　根据任务要求，组员讨论并制订工作计划，填在表 2 – 1 – 1 中。

提示：
充分考虑设计气动回路图、回路仿真、安装接线和运行调试等环节。

表 2 - 1 - 1　工作计划

序号	内容	负责人	完成时间

二、实施

按决策的内容实施设计、安装与调试工作，绘制气动回路图，填写数据。注重操作规范与工作效率。

（1）利用 FluidSIM 软件设计气动回路图，并仿真调试。

（2）利用 FluidSIM 软件设计的电控回路图，并仿真调试。

（3）在表2-1-2中列出回路元件清单。

表2-1-2 回路元件清单

序号	元件符号	元件名称

（4）元件的确定。

根据设计回路选择相应元器件，并填入表2-1-3中。

表2-1-3 元件确定

序号	元件	数量	说明

（5）画出信号图。

（6）安装与调试。

按设计回路图实施安装与调试工作，并将数据等参数填在表2－1－4中。注重操作规范与工作效率。

表2－1－4　安装与调试数据

实施步骤	完成情况	负责人	完成时间

实施反馈：记录小组实施中出现的异常情况以及解决措施。

（7）考核评价。

考核评价表见表2－1－5。

表2－1－5　考核评价表

评价内容	序号	主要内容	考核要求	评分细则	配分	扣分	得分	备注
职业素养与操作规范（20分）	1	工作前准备	①清点工具、仪表、元件并摆放整齐。②穿戴好劳动防护用品	①工作前，未检查电源、仪表及清点工具、元件，扣2分。②仪表、工具等摆放不整齐，扣3分。③未穿戴好劳动防护用品，扣5分	10			出现明显失误，造成安全事故；严重违反考场纪律，造成恶劣影响的本次测试记0分

评分标准								
评价内容	序号	主要内容	考核要求	评分细则	配分	扣分	得分	备注
职业素养与操作规范（20分）	2	"7S"规范	①操作过程中及作业完成后，保持工具、仪表等摆放整齐。②操作过程中无不文明行为，具有良好的职业操守。③独立完成考核内容，合理解决突发事件。④具有安全用电意识，操作符合规范要求。⑤作业完成后清理、核对仪表及工具数量，清扫工作现场	①操作过程中及作业完成后，工具、仪表等摆放不整齐，扣2分。②工作过程中出现违反安全规范的，扣5分。③作业完成后未清理、核对仪表及工具数量，未清扫工作现场，扣3分	10			出现明显失误，造成安全事故；严重违反考场纪律，造成恶劣影响的本次测试记0分
作品（80分）	3	元件安装	①按图示要求，正确选择和安装元件。②元件安装要紧固，位置合适，元件连接规范、美观	①元件选择不正确，每个扣2分。②气压元件安装不牢固，每个扣2分。③行程开关、磁性开关、行程阀等安装位置不正确，每个扣5分。④元件布置不整齐、不合理，扣5分。⑤元件连接不规范、不美观，扣5分	20			
	4	系统连接	按图示要求，正确连接气动回路和电气控制线路	①气动回路连接不正确，扣10分。②电气控制线路连接不正确，扣5分	15			
	5	调试检查	①检查气压输出并调整，单独检查气路。②检查电源输出并单独检查电路。③上述两个步骤完成后对系统进行电路、气路联调	①未检查气压输出并调整，扣3分。②气压阀调整不正确，扣2分。③未检查气路连线，扣5分。④气压调整不合适（偏大或偏小），扣5分。⑤未检查电源输出以及电路，扣5分（纯气压回路本项不检查）	15			

学习笔记

评分标准								
评价内容	序号	主要内容	考核要求	评分细则	配分	扣分	得分	备注
作品（80分）	6	回路设计	回路设计合理	①回路功能不能实现，扣10分。 ②元件表示错误，扣5分。 ③元件功能错误，扣5分。 ④位移图错误，扣5分。 ⑤元件布局不规范，扣5分	30			出现明显失误，造成安全事故；严重违反考场纪律，造成恶劣影响的本次测试记0分
合计分数								

四、总结

（1）本次任务新接触的内容描述。

（2）总结在任务实施中遇到的困难及解决措施。

（3）综合评价自己的得失，总结成长的经验和教训。

 课后作业

（1）简述感应开关的种类。

（2）感应开关的类型有哪些？

（3）简述电气接线的接线方法和注意事项。

 给料设备设计、安装与调试

用这种给料设备，把料仓中的木板分配给加工站。木板被气缸 A 从料仓中推出并被气缸 B 运至加工站。当气缸 A 的活塞杆伸出将木板推出后返回至末端时，才允许气缸 B 的活塞杆伸出推木板，到位后返回。其示意图如图 2 - 2 - 1 所示。

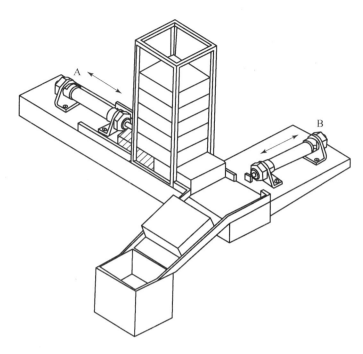

图 2 – 2 – 1　给料装置

任务目的

（1）了解气缸用感应开关的使用；

（2）掌握两个双作用气缸进行顺序动作控制的回路。

任务要求

（1）以简化形式画出不带信号示意线的位移－步骤图；

（2）设计并画出气动和电气回路图；

（3）在实训台上调试运行回路；

（4）动作顺序符合要求。

一、计划与决策

根据任务要求，组员讨论并制订工作计划，填在表 2 – 2 – 1 中。

> 提示：
> 充分考虑设计气动回路图、回路仿真、安装接线和运行调试等环节。

表 2 - 2 - 1　工作计划

序号	内容	负责人	完成时间

二、实施

按决策的内容实施设计、安装与调试工作，绘制气动回路图，填写数据。注重操作规范与工作效率。

（1）利用 FluidSIM 软件设计气动回路图，并仿真调试。

（2）利用 FluidSIM 软件设计电控回路图，并仿真调试。

（3）在表 2 - 2 - 2 中列出回路元件清单。

表 2 - 2 - 2　回路元件清单

序号	元件符号	元件名称

（4）元件的确定。

根据设计回路选择相应元器件，并填入表 2 - 2 - 3 中。

表 2 - 2 - 3　元件确定

序号	元件	数量	说明

（5）画出信号图。

（6）安装与调试。

按设计回路图实施安装与调试工作，并将数据等参数填在表 2 - 2 - 4 中。注重操作规范与工作效率。

表 2 - 2 - 4　安装与调试数据

实施步骤	完成情况	负责人	完成时间

实施反馈：记录小组实施中出现的异常情况以及解决措施。

（7）考核评价。

考核评价表见表 2 - 2 - 5。

表 2 - 2 - 5　考核评价表

评分标准								
评价内容	序号	主要内容	考核要求	评分细则	配分	扣分	得分	备注
职业素养与操作规范（20 分）	1	工作前准备	①清点工具、仪表、元件并摆放整齐。②穿戴好劳动防护用品	①工作前，未检查电源、仪表及清点工具、元件，扣 2 分。②仪表、工具等摆放不整齐，扣 3 分。③未穿戴好劳动防护用品，扣 5 分	10			出现明显失误，造成安全事故；严重违反考场纪律，造成恶劣影响的本次测试记 0 分

学习笔记

评分标准								
评价内容	序号	主要内容	考核要求	评分细则	配分	扣分	得分	备注
职业素养与操作规范（20分）	2	"7S"规范	①操作过程中及作业完成后，保持工具、仪表等摆放整齐。②操作过程中无不文明行为，具有良好的职业操守。③独立完成考核内容，合理解决突发事件。④具有安全用电意识，操作符合规范要求。⑤作业完成后清理、核对仪表及工具数量，清扫工作现场	①操作过程中及作业完成后，工具、仪表等摆放不整齐，扣2分。②工作过程中出现违反安全规范的，扣5分。③作业完成后未清理、核对仪表及工具数量，未清扫工作现场，扣3分	10			出现明显失误，造成安全事故；严重违反考场纪律，造成恶劣影响的本次测试记0分
作品（80分）	3	元件安装	①按图示要求，正确选择和安装元件。②元件安装要紧固，位置合适，元件连接规范、美观	①元件选择不正确，每个扣2分。②气压元件安装不牢固，每个扣2分。③行程开关、磁性开关、行程阀等安装位置不正确，每个扣5分。④元件布置不整齐、不合理，扣5分。⑤元件连接不规范、不美观，扣5分	20			
	4	系统连接	按图示要求，正确连接气动回路和电气控制线路	①气动回路连接不正确，扣10分。②电气控制线路连接不正确，扣5分	15			
	5	调试检查	①检查气压输出并调整，单独检查气路。②检查电源输出并单独检查电路。③上述两个步骤完成后对系统进行电路、气路联调	①未检查气压输出并调整，扣3分。②气压阀调整不正确，扣2分。③未检查气路连线，扣5分。④气压调整不合适（偏大或偏小），扣5分。⑤未检查电源输出以及电路，扣5分（纯气压回路本项不检查）	15			

评分标准								
评价 内容	序号	主要 内容	考核要求	评分细则	配分	扣分	得分	备注
作品 （80分）	6	回路 设计	回路设计合理	①回路功能不能实现，扣10分。 ②元件表示错误，扣5分。 ③元件功能错误，扣5分。 ④位移图错误，扣5分。 ⑤元件布局不规范，扣5分	30			出现明显失误，造成安全事故；严重违反考场纪律，造成恶劣影响的本次测试记0分
合计分数								

四、总结

（1）本次任务新接触的内容描述。

（2）总结在任务实施中遇到的困难及解决措施。

（3）综合评价自己的得失，总结成长的经验和教训。

任务2.3 传送带设计、安装与调试

任务说明

传送带按节拍将部件传送到按序排列的工作位置上去。通过作用一个控制开关，使做往返运动的气缸（1A）活塞杆通过一个定位销带动主动轮按节拍地转动，再一次作用这个控制开关则停止运动。其示意图如图 2 - 3 - 1 所示。

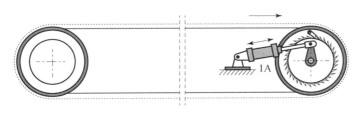

图 2 - 3 - 1　传送带装置

任务目的

（1）掌握气缸用感应开关的使用；
（2）掌握双控电磁阀的使用。

任务要求

（1）以简化形式画出不带信号示意线的位移 – 步骤图；
（2）设计并画出气动和电气回路图；
（3）在实训台上调试运行回路；
（4）动作顺序符合要求。

一、计划与决策

根据任务要求，组员讨论并制订工作计划，填在表 2 – 3 – 1 中。

> 提示：
> 充分考虑设计气动回路图、回路仿真、安装接线和运行调试等环节。

表 2 – 3 – 1　工作计划

序号	内容	负责人	完成时间

二、实施

按决策的内容实施设计、安装与调试工作，绘制气动回路图，填写数据。注重操作规范与工作效率。

（1）利用 FluidSIM 软件设计气动回路图，并仿真调试。

（2）利用 FluidSIM 软件设计电控回路图，并仿真调试。

（3）在表 2 – 3 – 2 中列出回路元件清单。

表 2 – 3 – 2　回路元件清单

序号	元件符号	元件名称

（4）元件的确定。

根据设计回路选择相应元器件，并填入表 2 – 3 – 3 中。

表 2 – 3 – 3　元件确定

序号	元件	数量	说明

（5）画出信号图。

（6）安装与调试。

按设计回路图实施安装与调试工作，并将数据等参数填在表 2 - 3 - 4 中。注重操作规范与工作效率。

表 2 - 3 - 4　安装与调试数据

实施步骤	完成情况	负责人	完成时间

实施反馈：记录小组实施中出现的异常情况以及解决措施。

（7）考核评价。

考核评价表见表 2 - 3 - 5。

表 2 - 3 - 5　考核评价表

评分标准								
评价内容	序号	主要内容	考核要求	评分细则	配分	扣分	得分	备注
职业素养与操作规范（20分）	1	工作前准备	①清点工具、仪表、元件并摆放整齐。②穿戴好劳动防护用品	①工作前，未检查电源、仪表及清点工具、元件，扣2分。②仪表、工具等摆放不整齐，扣3分。③未穿戴好劳动防护用品，扣5分	10			出现明显失误，造成安全事故；严重违反考场纪律，造成恶劣影响的本次测试记0分

学习笔记

评分标准								
评价内容	序号	主要内容	考核要求	评分细则	配分	扣分	得分	备注
职业素养与操作规范（20分）	2	"7S"规范	①操作过程中及作业完成后，保持工具、仪表等摆放整齐。②操作过程中无不文明行为，具有良好的职业操守。③独立完成考核内容，合理解决突发事件。④具有安全用电意识，操作符合规范要求。⑤作业完成后清理、核对仪表及工具数量，清扫工作现场	①操作过程中及作业完成后，工具、仪表等摆放不整齐，扣2分。②工作过程中出现违反安全规范的，扣5分。③作业完成后未清理、核对仪表及工具数量，未清扫工作现场，扣3分	10			出现明显失误，造成安全事故；严重违反考场纪律，造成恶劣影响的本次测试记0分
作品（80分）	3	元件安装	①按图示要求，正确选择和安装元件。②元件安装要紧固，位置合适，元件连接规范、美观	①元件选择不正确，每个扣2分。②气压元件安装不牢固，每个扣2分。③行程开关、磁性开关、行程阀等安装位置不正确，每个扣5分。④元件布置不整齐、不合理，扣5分。⑤元件连接不规范、不美观，扣5分	20			
	4	系统连接	按图示要求，正确连接气动回路和电气控制线路	①气动回路连接不正确，扣10分。②电气控制线路连接不正确，扣5分	15			
	5	调试检查	①检查气压输出并调整，单独检查气路。②检查电源输出并单独检查电路。③上述两个步骤完成后对系统进行电路、气路联调	①未检查气压输出并调整，扣3分。②气压阀调整不正确，扣2分。③未检查气路连线，扣5分。④气压调整不合适（偏大或偏小），扣5分。⑤未检查电源输出以及电路，扣5分（纯气压回路本项不检查）	15			

评分标准								
评价内容	序号	主要内容	考核要求	评分细则	配分	扣分	得分	备注
作品（80分）	7	回路设计	回路设计合理	①回路功能不能实现，扣10分。 ②元件表示错误，扣5分。 ③元件功能错误，扣5分。 ④位移图错误，扣5分。 ⑤元件布局不规范，扣5分	30			出现明显失误，造成安全事故；严重违反考场纪律，造成恶劣影响的本次测试记0分
合计分数								

四、总结

（1）本次任务新接触的内容描述。

（2）总结在任务实施中遇到的困难及解决措施。

（3）综合评价自己的得失，总结成长的经验和教训。

课后作业

带记忆功能的电磁阀如何应用。

任务2.4 真空吸盘机械手设计、安装与调试

任务引入

双作用气缸（1A）下方装有一个真空吸盘，用以吸住工件后搬运。按下启动按钮后，双作用气缸下降，完全下降到位后吸盘开始吸工件，当真空压力开关检测到真空信号时气缸开始上升，上升到位后放开工件（真空解除）。双作用气缸的速度可调节。其示意图如图2－4－1所示。

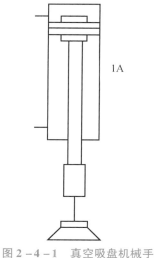

图2－4－1　真空吸盘机械手

任务目的

（1）了解真空发生器的工作原理；
（2）了解数显压力开关的使用；
（3）掌握真空系统气动回路的搭建；
（4）掌握电气控制回路的设计原理。

任务要求

(1) 设计和画出系统的气动回路；

(2) 设计和画出系统的电气控制回路；

(3) 在实训台上调试运行回路；

(4) 动作顺序符合要求。

一、计划与决策

根据任务要求，组员讨论并制订工作计划，填在表 2 – 4 – 1 中。

> 提示：
> 充分考虑设计气动回路图、回路仿真、安装接线和运行调试等环节。

表 2 – 4 – 1　工作计划

序号	内容	负责人	完成时间

二、实施

按决策的内容实施设计、安装与调试工作，绘制气动回路图，填写数据。注重操作规范与工作效率。

(1) 利用 FluidSIM 软件设计气动回路图，并仿真调试。

（2）利用 FluidSIM 软件设计电控回路图，并仿真调试。

（3）在表 2 − 4 − 2 中列出回路元件清单。

表 2 − 4 − 2　回路元件清单

序号	元件符号	元件名称

（4）元件的确定。

根据设计回路选择相应元器件，并填入表 2 − 4 − 3 中。

表 2 − 4 − 3　元件确定

序号	元件	数量	说明

（5）画出信号图。

（6）安装与调试。

按设计回路图实施安装与调试工作，并将数据等参数填在表 2 - 4 - 4 中。注重操作规范与工作效率。

表 2 - 4 - 4　安装与调试数据

实施步骤	完成情况	负责人	完成时间

实施反馈：记录小组实施中出现的异常情况以及解决措施。

（7）考核评价。

考核评价表见表 2 - 4 - 5。

表 2 – 4 – 5　考核评价表

评价内容	序号	主要内容	评分标准		配分	扣分	得分	备注
			考核要求	评分细则				
职业素养与操作规范（20分）	1	工作前准备	①清点工具、仪表、元件并摆放整齐。②穿戴好劳动防护用品	①工作前，未检查电源、仪表及清点工具、元件，扣2分。②仪表、工具等摆放不整齐，扣3分。③未穿戴好劳动防护用品，扣5分	10			出现明显失误，造成安全事故；严重违反考场纪律，造成恶劣影响的本次测试记0分
	2	"7S"规范	①操作过程中及作业完成后，保持工具、仪表等摆放整齐。②操作过程中无不文明行为，具有良好的职业操守。③独立完成考核内容，合理解决突发事件。④具有安全用电意识，操作符合规范要求。⑤作业完成后清理、核对仪表及工具数量，清扫工作现场	①操作过程中及作业完成后，工具等摆放不整齐，扣2分。②工作过程中出现违反安全规范的，扣5分。③作业完成后未清理、核对仪表及工具数量，未清扫工作现场，扣3分	10			
作品（80分）	3	元件安装	①按图示要求，正确选择和安装元件。②元件安装要紧固，位置合适，元件连接规范、美观	①元件选择不正确，每个扣2分。②气压元件安装不牢固，每个扣2分。③行程开关、磁性开关、行程阀等安装位置不正确，每个扣5分。④元件布置不整齐、不合理，扣5分。⑤元件连接不规范、不美观，扣5分	20			
	4	系统连接	按图示要求，正确连接气动回路和电气控制线路	①气动回路连接不正确，扣10分。②电气控制线路连接不正确，扣5分	15			

评分标准								
评价内容	序号	主要内容	考核要求	评分细则	配分	扣分	得分	备注
作品（80分）	5	调试检查	①检查气压输出并调整，单独检查气路。②检查电源输出并单独检查电路。③上述两个步骤完成后对系统进行电路、气路联调	①未检查气压输出并调整，扣3分。②气压阀调整不正确，扣2分。③未检查气路连线，扣5分。④气压调整不合适（偏大或偏小），扣5分。⑤未检查电源输出以及电路，扣5分（纯气压回路本项不检查）	15			出现明显失误，造成安全事故；严重违反考场纪律，造成恶劣影响的本次测试记0分
	6	回路设计	回路设计合理	①回路功能不能实现，扣10分。②元件表示错误，扣5分。③元件功能错误，扣5分。④位移图错误，扣5分。⑤元件布局不规范，扣5分	30			
合计分数								

四、总结

（1）本次任务新接触的内容描述。

（2）总结在任务实施中遇到的困难及解决措施。

（3）综合评价自己的得失，总结成长的经验和教训。

 课后作业

简述真空发生器的工作原理。

项目三 气动与 PLC 控制回路安装与调试

一、知识目标

（1）了解气动控制系统的 PLC 控制方法；

（2）了解 PLC 的控制流程及梯形图概念。

二、能力目标

（1）认识各种元件的职能符号，具有绘制各种元件职能符号的能力；

（2）具备认识各种气动元件的能力；

（3）能正确分析各常用元件的工作原理；

（4）能读懂用元件职能符号画出的系统原理图；

（5）能正确分析气动系统的组成和工作原理；

（6）能按照给定的气动原理图进行元件的选择；

（7）能按照给定的气动原理图进行回路的正确安装和简单调试；

（8）具备各种气动元件的基本装配方法、装配技术和装配组织形式的选择与应用能力；

（9）具备运用通用、常用工具进行元件安装、拆卸的能力；

（10）具备运用通用紧固工具和测量工具进行设备装配的能力；

（11）具备设备调整和试车的能力；

（12）具备正确诊断、排除设备故障的基本能力。

三、素质目标

（1）具备容忍、沟通能力，能够协调人际关系，适应社会环境；

（2）具有较强的专业表达能力，能用专业术语口头或书面表达工作任务；

（3）具备自我学习能力和良好的心理承受能力；

（4）养成团队合作、认真负责的工作作风，能够独立寻找解决问题的途径；

（5）养成遵守工艺、劳动纪律和文明生产的习惯；

（6）积极做好"7S"活动，具备良好的作业习惯。

一、可编程控制器的结构与工作原理

1. PLC 的结构及各部分的作用

PLC 的种类繁多，功能和指令系统也不尽相同，但结构与工作原理则大同小异，通常由主机、输入/输出接口、电源及扩散器结构和外部结构等几个主要部分组成。

2. PLC 的工作原理

PLC 是采用"顺序扫描，不断循环"的方式进行工作的，即在 PLC 运行时，CPU 根据用户控制要求编制好并存于用户存储器中的程序，按指令步序号（或地址号）做周期性循环扫描，若无跳转指令，则从第一条指令开始逐条顺序执行用户程序，直至程序结束。然后重新返回第一条指令，开始下一轮新的扫描。在每次扫描过程中，还要完成对输入信号的采样和对输出状态的刷新等工作。

PLC 扫描一个周期必经输入采样、程序执行和输出刷新三个阶段。

（1）PLC 在输入采样阶段：首先以扫描方式按顺序将所有暂存在输入锁存器中的输入端子的通断状态或输入数据读入，并将其写入各对应的输入状态寄存器中，即刷新输入，随即关闭输入端口，进入程序执行阶段。

（2）PLC 在程序执行阶段：按用户程序指令存放的先后顺序扫描执行每条指令，执行的结果再写入输出状态寄存器中，输出状态寄存器所有的内容随着程序的执行而改变。

（3）输出刷新阶段：当所有指令执行完毕后，输出状态寄存器的通断状态在输出刷新阶段送至输出锁存器中，并通过一定的方式（继电器、晶体管或晶闸管）输出，驱动相应输出设备工作。

二、常规控制

采用 PLC 控制的单作用气缸电磁换向回路，是一个启动、保持、停止电路，简称启保停电路。该电路应用非常广泛，电磁阀换向回路如图 3 – 1 所示，电气控制回路如图 3 – 2 所示。

由于单电控两位三通电磁阀本身没有记忆功能，即阀芯的切换需要连续脉冲信号，因而控制电路上必须有自保电路，如图 3 – 2 中 2 号线上的继电器常开触点 K 即为自保电路。按下启动按钮 SB1，电磁阀线圈 Y1 通电，电磁阀换向，活塞杆伸出；按下停止按钮 SB2，电磁阀线圈 Y1 失电，气缸弹簧使活塞杆复位，活塞杆退回，换向回路如图 3 – 1 所示。

三、PLC 程序控制

PLC 的控制程序与常规电气控制电路相似，是一个具有启、保、停控制功能的程序，程序设计如图 3 – 3 所示。图中 Y000 连接电磁阀 Y1，用以驱动气缸活塞杆的运动与停止。X000 与 X001 分别连接启动按钮 SB1 和停止按钮 SB2。按下启动按钮 SB1，X000 常开触点接通，Y000 得电并自保；按下停止按钮 SB2，X001 常闭触点断开，Y000 失电。

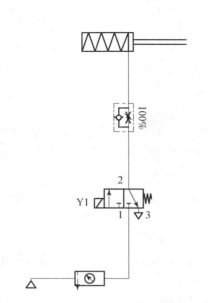

图 3-1　单作用气缸电磁换向阀换向回路

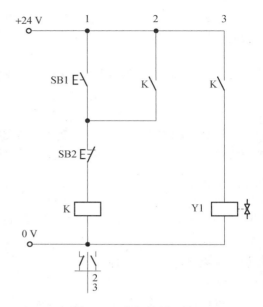

图 3-2　电气控制回路

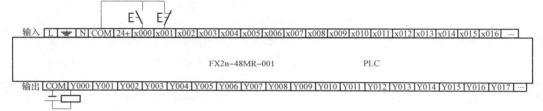

图 3-3　PLC 控制接线图

1. 控制要求

（1）按下按钮 X000（SB1），Y000（电磁阀线圈 Y1）通电，电磁阀换向，活塞杆伸出。

（2）按下按钮 X001（SB2），Y000 断电，气缸弹簧使活塞杆复位，活塞杆退回。

2. 端子分配表

PLC 输入/输出端子分配表见表 3-1。

表 3-1　PLC 输入/输出端子分配表

PLC 地址		功能说明
输入	X000	按下按钮 SB1，控制活塞杆伸出
	X001	按下按钮 SB2，控制活塞杆缩回
输出	Y000	单电控两位三通电磁阀线圈 Y1

3. 外部接线圈

（1）PLC 的 COM1 端接 24 V（负）。

（2）PLC 输入端 X000 接点动按钮 SB1 常开触点一端，触点的另一端接 COM。

（3）PLC 输出端 Y000 接单电控两位三通电磁阀线圈 Y1 负端，Y1 正端接 24 V（正）。

4. PLC 控制程序

图 3 - 4 所示为 PLC 控制梯形图。

图 3 - 4 PLC 控制梯形图

四、PLC 控制回路实现步骤

（1）按照图 3 - 1 所示选择元件：单出杆单作用气缸、单向节流阀、单电控两位三通换向阀、三联件和连接软管。接好气管，检查气源。

（2）按照图 3 - 2 和图 3 - 3 所示连接 PLC 电路，再按图 3 - 4 所示编写 PLC 控制程序，并下载到 PLC 里。

（3）确认电路连接正确无误后，再把三联件的调压旋钮放松，开空压机。

（4）待空压机工作正常后，再次调节三联件的调压旋钮，使回路中的压力在 0.3 ~ 0.5 MPa 工作压力范围内（0.4 MPa 为宜）。

任务3.1 挤压装置设计、安装与调试

项目说明

用这个工作台将工件挤压成行。按一下按钮开关 S1，气缸将工件进行挤压；气缸延时一段时间后返回，当到达初始位置后，又开始下一个工件的循环。按下另一个按钮开关 S2，系统完成该工件的加工后返回到初始位置。其示意图如图 3 - 1 - 1 所示。

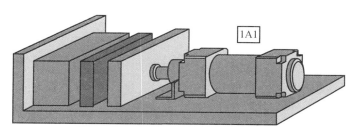

图 3 - 1 - 1 挤压装置

任务目的

(1) 设计并画出气动和电气回路图；

(2) 设计 PLC 梯形图；

(3) 了解电磁阀与 PLC 输出部分的接线；

(4) 了解简单的 PLC 的编程方式和定时器指令。

任务要求

(1) 设计并画出气动和电气回路图；

(2) 设计 PLC 梯形图；

(3) 在实训台上调试运行回路；

(4) 设计 PLC 控制程序并下载调试运行。

任务实施

一、计划与决策

根据任务要求，组员讨论并制订工作计划，填在表 3 – 1 – 1 中。

> 提示：
> 充分考虑设计气动回路图、回路仿真、安装接线和运行调试等环节。

表 3 – 1 – 1   工作计划

序号	内容	负责人	完成时间

二、实施

按决策的内容实施设计、安装与调试工作，绘制气动回路图，填写数据。注重操作规范与工作效率。

（1）根据任务要求画出系统工作流程图。

（2）根据流程图画出系统的位移 – 步骤图。

（3）利用 FluidSIM 软件设计气动主回路图，并仿真调试。

（4）利用 FluidSIM 软件设计电控回路图，并仿真调试。

（5）设计 PLC 梯形图。

（6）在表 3 - 1 - 2 中列出回路元件清单。

表 3 - 1 - 2　回路元件清单

序号	元件符号	元件名称

（7）元件的确定。

根据设计回路选择相应元器件，并填入表 3 - 1 - 3 中。

表 3 - 1 - 3　元件确定

序号	元件	数量	说明

（8）安装与调试。

按设计回路图实施安装与调试工作，并将数据等参数填在表 3 - 1 - 4 中。注重操作规范与工作效率。

表 3 - 1 - 4　安装与调试数据

实施步骤	完成情况	负责人	完成时间

实施步骤	完成情况	负责人	完成时间

实施反馈：记录小组实施中出现的异常情况以及解决措施。

（9）考核评价。

考核评价表见表 3 - 1 - 5。

表 3 - 1 - 5　考核评价表

评价内容	序号	主要内容	考核要求	评分细则	配分	扣分	得分	备注
职业素养与操作规范（20 分）	1	工作前准备	①清点工具、仪表、元件并摆放整齐。②穿戴好劳动防护用品	①工作前，未检查电源、仪表及清点工具、元件，扣 2 分。②仪表、工具等摆放不整齐，扣 3 分。③未穿戴好劳动防护用品，扣 5 分	10			出现明显失误，造成安全事故；严重违反考场纪律，造成恶劣影响的本次测试记 0 分
	2	"7S"规范	①操作过程中及作业完成后，保持工具、仪表等摆放整齐。②操作过程中无不文明行为，具有良好的职业操守。③独立完成考核内容，合理解决突发事件。④具有安全用电意识，操作符合规范要求。⑤作业完成后清理、核对仪表及工具数量，清扫工作现场	①操作过程中及作业完成后，工具、仪表等摆放不整齐，扣 2 分。②工作过程中出现违反安全规范的，扣 5 分。③作业完成后未清理、核对仪表及工具数量，未清扫工作现场，扣 3 分	10			

学习笔记

评分标准								
评价内容	序号	主要内容	考核要求	评分细则	配分	扣分	得分	备注
作品（80分）	3	元件安装	①按图示要求，正确选择和安装元件。②元件安装要紧固，位置合适，元件连接规范、美观	①元件选择不正确，每个扣2分。②气压元件安装不牢固，每个扣2分。③行程开关、磁性开关、行程阀等安装位置不正确，每个扣5分。④元件布置不整齐、不合理，扣5分。⑤元件连接不规范、不美观，扣5分	20			出现明显失误，造成安全事故；严重违反考场纪律，造成恶劣影响的本次测试记0分
	4	系统连接	按图示要求，正确连接气动回路和电气控制线路	①气动回路连接不正确，扣10分。②电气控制线路连接不正确，扣5分	15			
	5	调试检查	①检查气压输出并调整，单独检查气路。②检查电源输出并单独检查电路。③上述两个步骤完成后对系统进行电路、气路联调	①未检查气压输出并调整，扣3分。②气压阀调整不正确，扣2分。③未检查气路连线，扣5分。④气压调整不合适（偏大或偏小），扣5分。⑤未检查电源输出以及电路，扣5分（纯气压回路本项不检查）	15			
	6	回路设计	回路设计合理	①回路功能不能实现，扣10分。②元件表示错误，扣5分。③元件功能错误，扣5分。④位移图错误，扣5分。⑤元件布局不规范，扣5分	30			
合计分数								

四、总结

（1）本次任务新接触的内容描述。

（2）总结在任务实施中遇到的困难及解决措施。

（3）综合评价自己的得失，总结成长的经验和教训。

任务3.2 延时送料装置设计、安装与调试

任务引入

利用原触摸屏中计数器画面的设计，先将计数器值设定在 16 后回车，按下复位按钮开关后再按下开始按钮，气缸将料仓中的平板逐个推出，当料仓中的 16 个平板全部推出后，气缸停止工作，当在料仓中上完料并按下触摸屏上的复位和开始按钮后，下一个工件的循环开始。其示意图如图 3 - 2 - 1 所示。

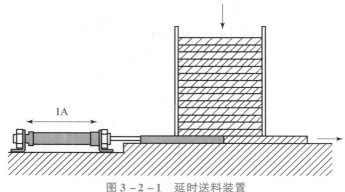

1A

图 3 – 2 – 1　延时送料装置

任务目的

（1）强化 PLC 控制系统的配线方式；
（2）了解触摸屏的原理和应用；
（3）了解计数器指令的应用；
（4）了解触摸屏中计数器画面的设计。

任务要求

（1）设计并画出气动和电气回路图；
（2）设计 PLC 梯形图；
（3）在实训台上调试运行回路；
（4）设计 PLC 控制程序并下载调试运行。

任务实施

一、计划与决策

根据任务要求，组员讨论并制订工作计划，填在表 3 – 2 – 1 中。

> 提示：
> 充分考虑设计气动回路图、回路仿真、安装接线和运行调试等环节。

表 3 – 2 – 1　工作计划

序号	内容	负责人	完成时间

序号	内容	负责人	完成时间

二、实施

按决策的内容实施设计、安装与调试工作，绘制气动回路图，填写数据。注重操作规范与工作效率。

（1）根据任务要求画出系统工作流程图。

（2）根据流程图画出系统的位移－步骤图。

（3）利用 FluidSIM 软件设计气动主回路图，并仿真调试。

（4）利用 FluidSIM 软件设计电控回路图，并仿真调试。

（5）设 PLC 梯形图。

（6）在表 3-2-2 中列出回路元件清单。

表 3-2-2　回路元件清单

序号	元件符号	元件名称

（7）元件的确定。

根据设计回路选择相应元器件，并填入表 3-2-3 中。

表 3-2-3　元件确定

序号	元件	数量	说明

（8）安装与调试。

按设计回路图实施安装与调试工作，并将数据等参数填在表 3 - 2 - 4 中。注重操作规范与工作效率。

表 3 - 2 - 4　安装与调试数据

实施步骤	完成情况	负责人	完成时间

实施反馈：记录小组实施中出现的异常情况以及解决措施。

（9）考核评价。

考核评价表见表 3 - 2 - 5。

表 3 - 2 - 5　考核评价表

评分标准								
评价内容	序号	主要内容	考核要求	评分细则	配分	扣分	得分	备注
职业素养与操作规范（20分）	1	工作前准备	①清点工具、仪表、元件并摆放整齐。②穿戴好劳动防护用品	①工作前，未检查电源、仪表及清点工具、元件，扣2分。②仪表、工具等摆放不整齐，扣3分。③未穿戴好劳动防护用品，扣5分	10			出现明显失误，造成安全事故；严重违反考场纪律，造成恶劣影响的本次测试记0分

评分标准								
评价内容	序号	主要内容	考核要求	评分细则	配分	扣分	得分	备注
职业素养与操作规范（20分）	2	"7S"规范	①操作过程中及作业完成后，保持工具、仪表等摆放整齐。②操作过程中无不文明行为、具有良好的职业操守。③独立完成考核内容、合理解决突发事件。④具有安全用电意识，操作符合规范要求。⑤作业完成后清理、核对仪表及工具数量，清扫工作现场	①操作过程中及作业完成后，工具、仪表等摆放不整齐，扣2分。②工作过程中出现违反安全规范的，扣5分。③作业完成后未清理、核对仪表及工具数量，未清扫工作现场，扣3分	10			出现明显失误，造成安全事故；严重违反考场纪律，造成恶劣影响的本次测试记0分
作品（80分）	3	元件安装	①按图示要求，正确选择和安装元件。②元件安装要紧固，位置合适，元件连接规范、美观	①元件选择不正确，每个扣2分。②气压元件安装不牢固，每个扣2分。③行程开关、磁性开关、行程阀等安装位置不正确，每个扣5分。④元件布置不整齐、不合理，扣5分。⑤元件连接不规范、不美观，扣5分	20			
	4	系统连接	按图示要求，正确连接气动回路和电气控制线路	①气动回路连接不正确，扣10分。②电气控制线路连接不正确，扣5分	15			
	5	调试检查	①检查气压输出并调整，单独检查气路。②检查电源输出并单独检查电路。③上述两个步骤完成后对系统进行电路、气路联调	①未检查气压输出并调整，扣3分。②气压阀调整不正确，扣2分。③未检查气路连线，扣5分。④气压调整不合适（偏大或偏小），扣5分。⑤未检查电源输出以及电路，扣5分（纯气压回路本项不检查）	15			

评分标准								
评价内容	序号	主要内容	考核要求	评分细则	配分	扣分	得分	备注
作品（80分）	6	回路设计	回路设计合理	①回路功能不能实现，扣10分。②元件表示错误，扣5分。③元件功能错误，扣5分。④位移图错误，扣5分。⑤元件布局不规范扣5分	30			出现明显失误，造成安全事故；严重违反考场纪律，造成恶劣影响的本次测试记0分
合计分数								

四、总结

（1）本次任务新接触的内容描述。

（2）总结在任务实施中遇到的困难及解决措施。

（3）综合评价自己的得失，总结成长的经验和教训。

课后作业

（1）A、B 皆为双作用气缸，分别以双控电磁阀控制，动作顺序如习图 3–1 所示。当按钮 PB 为 "ON" 时，系统激活一次循环后自动停止。

要求：

①画出气动回路图及气动位移 – 步骤图；

②画出系统工作流程，列出输入/输出清单；

③用 PLC 进行编程；

④如果要完成 10 个循环后停止，怎么编程？

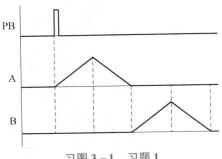

习图 3 – 1　习题 1

（2）A、B 为单作用气缸，分别以单控电磁阀控制，动作顺序如习图 3 – 2 所示（循环动作）。当按钮 PB1 为"ON"时，则系统激活；按钮 PB2 为"ON"时，则系统停止。

要求：

①画出气动回路图及气动位移 – 步骤图；

②画出系统工作流程，列出输入/输出清单；

③用 PLC 进行编程；

④如果要完成 10 个循环后停止，怎么编程？

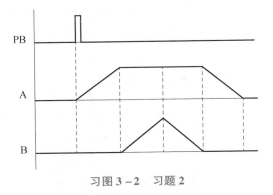

习图 3 – 2　习题 2

项目四　液压系统的安装与调试

教学目标

一、知识目标

（1）了解液压油的物理性质；

（2）了解流体力学的基础知识；

（3）了解各类液压泵、液压缸、液压控制阀及液压系统中辅助装置的基本结构和工作原理；

（4）掌握齿轮泵、叶片泵、双作用单活塞杆油缸和溢流阀的工作原理；

（5）掌握液压系统常用回路的基本工作原理、工作特性以及液压系统常用回路的基本工作特性；

（6）理解典型液压系统的工作原理，并具备简单地分析液压系统的方法；

（7）掌握液压元件与气动元件的基本选择方法，并具有初步的系统调试、故障分析能力。

二、能力目标

（1）具备各种液压元件的基本装配方法、装配技术和装配组织形式的选择与应用能力；

（2）具备运用通用工具进行元件安装、拆卸的能力；

（3）具备运用通用紧固工具和测量工具进行设备装配的能力；

（4）具备设备调整和试车的能力；

（5）具备正确诊断、排除设备故障的基本能力；

（6）具备认识各种液压元件的能力；

（7）认识各种液压元件的职能符号，具有绘制各种液压元件职能符号的能力；

（8）能正确分析各常用元件的工作原理；

（9）能读懂用元件职能符号画出的液压系统原理图；

（10）能正确分析液压系统的组成和工作原理；

（11）能按照给定的液压原理图进行元件的选择；

（12）能按照给定的液压原理图进行回路的正确安装和简单调试。

三、素质目标

（1）具备容忍、沟通能力，能够协调人际关系，适应社会环境；

（2）具有较强的专业表达能力，能用专业术语口头或书面表达工作任务；

（3）具备自我学习能力和良好的心理承受能力；

（4）养成团队合作、认真负责的工作作风，能够独立寻找解决问题的途径；

（5）养成遵守工艺、劳动纪律和文明生产的习惯；

（6）积极做好7S管理，具备良好的作业习惯。

任务4.1　汽车修理升降台动力元件的选择和拆装

教学目的

（1）掌握齿轮泵的工作原理；

（2）掌握齿轮泵的分类和结构；

（3）能进行齿轮泵的主要性能和参数计算；

（4）能进行液压泵和电动机参数的选用；

（5）能进行齿轮泵简单故障的分析和排除。

任务引入

汽车的升降是由液压缸带动升降台上下运动实现的。那么如何使液压缸实现这一运动？通过什么元件来实现这一运动？如何选择这些元件？这些元件结构如何？图4-1-1所示为汽车升降台。

图 4-1-1　汽车升降台

任务要求

（1）正确进行齿轮泵拆装并记录；

（2）正确使用工具；

（3）正确检测齿轮泵的工作压力，分析齿轮泵工作时出油口压力与负载之间的关系。

（4）实验结束后做好实验整理工作。

知识链接

一、液压泵

液压泵是液压系统的动力元件，是靠发动机或电动机驱动，从液压油箱中吸入油液，形成压力油排出，送到执行元件的一种元件。液压泵按结构分为齿轮泵、柱塞泵、叶片泵和螺杆泵。

1. 液压泵的工作原理

如图 4-1-2 所示，偏心轮 1 旋转时，柱塞 2 在偏心轮 1 和弹簧 4 的作用下在缸体内左右移动。柱塞 2 右移时，缸体中的密封工作腔 a 容积变大，产生真空，油箱中的油液在大气压力的推动下打开吸液阀 5 进入工作腔 a；柱塞左移时，缸孔中的工作腔变小，油液被强迫通过排液阀 6 进入系统中。当偏心轮连续旋转时，便周而复始地重复上述过程。

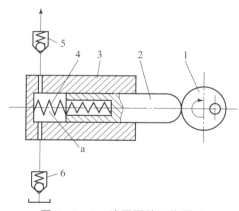

图 4-1-2　液压泵的工作原理

1—偏心轮；2—柱塞；3—缸体；4—弹簧；5、6—单向阀

由以上所述可得液压泵工作的基本条件：

（1）密封容积的变化是液压泵实现吸、排液的根本原因，因此，密封而又可以变化的容积是液压泵必须具备的基本结构，所以液压泵也称容积式液压泵。显然，液压泵所产生的液流的流量与其密封容积的变化量和单位时间内容积变化的次数成比例。

（2）具有隔离吸液腔和排液腔（即隔离低压和高压液体）的装置——配流（油）装置，使液压泵能连续有规律地吸入和排出工作液体。配流装置的结构因液压泵的形式而异，有阀式、盘式和轴式配流装置。

（3）箱内的工作液体始终具有不低于一个大气压的绝对压力，这是保证液压泵能从油箱吸液的必要外部条件。因此，一般油箱的液面总是与大气相通的。

2. 液压泵的分类

液压泵的分类方式很多，它可按压力的大小分为低压泵、中压泵和高压泵；也可按流量是否可调节分为定量泵和变量泵；还可按泵的结构分为齿轮泵、叶片泵和柱塞泵，其中，齿轮泵和叶片泵多用于中、低压系统，柱塞泵多用于高压系统。液压泵的图形符号如图 4 – 1 – 3 所示。

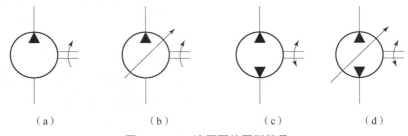

（a）　　　　　　　（b）　　　　　　　（c）　　　　　　　（d）

图 4 – 1 – 3　液压泵的图形符号

（a）单向定量液压泵；（b）单向变量液压泵；（c）双向定量液压泵；（d）双向变量液压泵

3. 液压泵的主要性能参数

（1）工作压力。

液压泵实际工作时的输出压力称为液压泵的工作压力，用符号 p 表示。工作压力取决于外负载的大小和排油管路上的压力损失，而与液压泵的流量无关。

（2）额定压力。

液压泵在正常工作条件下，按试验标准规定连续运转的最高压力称为液压泵的额定压力。

（3）最高允许压力。

在超过额定压力的条件下，根据试验标准规定，允许液压泵短暂运行的最高压力值称为液压泵的最高允许压力，超过此压力，泵的泄漏会迅速增加。

（4）排量。

排量是泵主轴每转一周所排出液体体积的理论值，如泵排量固定，则为定量泵；排量可变，则为变量泵。一般定量泵因密封性较好、泄漏小，故在高压时效率较高。

（5）流量。

流量为泵单位时间内排出的液体体积（L/min），有理论流量 q_{th} 和实际流量 q_{ac} 两种。

$$q_{th} = V_n$$

式中：V——泵的排量（L/r）；

　　　n——泵的转速（r/min）。

$$q_{ac} = q_{th} - \Delta q$$

式中：Δq——泵运转时，油从高压区泄漏到低压区的泄漏损失。

（6）容积效率和机械效率。

液压泵的容积效率 η_v 的计算公式为

$$\eta_v = q_{ac} / q_{th}$$

液压泵的机械效率 η_m 的计算公式为

$$\eta_{\mathrm{m}} = T_{\mathrm{th}}/T_{\mathrm{ac}}$$

式中：T_{th}——泵的理论输入扭矩；

T_{ac}——泵的实际输入扭矩。

（7）泵的总效率和功率。

泵的总效率 η 的计算公式为

$$\eta = \eta_{\mathrm{v}}\eta_{\mathrm{m}} = P_{\mathrm{ac}}/P_{\mathrm{M}}$$

式中：P_{ac}——泵实际输出功率；

P_{M}——电动机输出功率。

泵的功率 P_{ac} 的计算公式为

$$P_{\mathrm{ac}} = pq_{\mathrm{ac}}/60 \quad (\mathrm{kW})$$

式中：p——泵输出的工作压力（MPa）；

q_{ac}——泵的实际输出流量（L/min）。

二、齿轮泵

齿轮泵按结构形式可分为外啮合和内啮合两种，内啮合齿轮泵应用较少，故我们只介绍外啮合齿轮泵。外啮合齿轮泵具有结构简单、紧凑，容易制造，成本低，对油液污染不敏感，工作可靠，维护方便，寿命长等优点，故广泛应用于各种低压系统中。随着齿轮泵在结构上的不断完善，中、高压齿轮泵的应用逐渐增多。目前高压齿轮泵的工作压力可达 14~21 MPa。

1. 外啮合齿轮泵的工作原理

外啮合齿轮泵是分离三片式结构，主要包括上下两个泵端盖、泵体及侧板和一对互相啮合的齿轮。泵体内相互啮合的主、从动齿轮，齿轮两端端盖和泵体一起构成密封容积，同时齿轮的啮合又将左、右两腔隔开，形成吸、压油腔。

当齿轮旋转时，右侧吸油腔内的轮齿脱离啮合，密封工作腔容积不断增大，形成部分真空，油液在大气压力的作用下从油箱经吸油管进入吸油腔，并被旋转的轮齿带入左侧的压油腔。左侧压油腔内的轮齿不断进入啮合，使密封工作腔容积减小，油液受到挤压被排往系统，这就是齿轮泵的吸油和压油过程。在齿轮泵的啮合过程中，啮合点沿啮合线，把吸油区和压油区分开。

2. 齿轮泵存在的问题

（1）泄漏。

外啮合齿轮运转时的泄漏途径有两种：一为齿顶与齿轮壳内壁的间隙；二为齿端面与侧板之间的间隙。当压力增加时，前者不会改变，但后者挠度大增，此为外啮合齿轮泵泄漏最主要的原因，故不适合用作高压泵。

为解决外啮合齿轮泵的内泄漏问题，提高其压力，逐步开发出固定侧板式齿轮泵，其最高压力长期均为 7~10 MPa，可动侧板式齿轮泵在高压时侧板被往内推，以减少高压时的内漏，其最高压力可达 14~17 MPa。

（2）困油。

为了使齿轮平稳的啮合运转，吸、压油腔应严格地密封以及连续均匀地供油，根据齿轮的啮合原理，要使啮合齿轮平稳地运转，必须使齿轮的重合度 ε 大于 1（一般取 $\varepsilon = 1.05 \sim 1.3$），即在齿轮泵工作时总有两对轮齿同时啮合，因此，就有一部分油液困在两对轮齿所形成的封闭容腔之内，此封闭腔与吸、压油腔互不相通，如图 4 - 1 - 4 所示。这个封闭容积先随齿轮转动逐渐减小，封闭容积的减小会使被困油液受挤压而产生高压，并从缝隙中流出，导致油液发热，轴承等机件也受到附加的不平衡负载作用；封闭容积的增大又会造成局部真

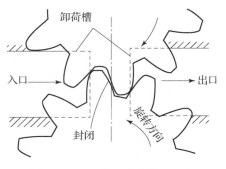

图 4 - 1 - 4　齿轮泵的困油现象

空，使溶于油液中的气体分离出来，产生空穴，这就是齿轮泵困油现象。由于困油现象，使泵工作性能不稳定，产生振动、噪声等，直接影响泵的工作寿命。

为了消除困油现象，在泵盖（或轴承座）上开卸荷槽以消除困油，CB - B 型泵将卸荷槽整个向吸油腔侧平移一段距离，效果更好。

（3）径向作用力不平衡。

如图 4 - 1 - 5 所示，在外啮合齿轮泵中，齿轮啮合点的两侧，一侧是排油腔，油压力很高；另一侧是吸油腔，油压力很低。出口压力油从齿顶圆与泵体孔之间的间隙泄漏逐齿降压，形成一条逐级向吸油口递减的压力分布曲线，这样在主动齿轮、从动齿轮上便分别受到径向的合力（液压力）F，即造成了很大的径向不平衡力，总是把齿轮推向吸油腔一侧。这就是径向负载和压力平衡问题。

为了解决径向作用力不平衡问题，采用开压力平衡槽的办法来消除径向作用力不平衡，但这会使泄漏增大、容积效率减小等，如图 4 - 1 - 6 所示。CB - B 型泵通过缩小压油口，以减小压力油作用面积来减少径向作用力不平衡，所以泵的压油口径比吸油口径要小。

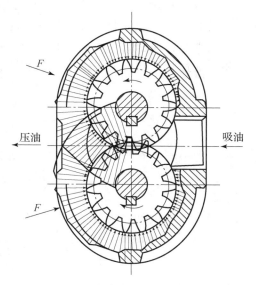

图 4 - 1 - 5　齿轮泵的径向作用力不平衡

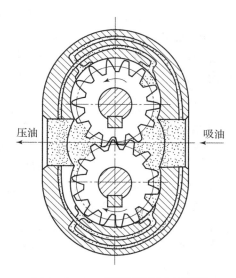

图 4 - 1 - 6　齿轮泵的压力平衡槽

3. 齿轮泵的结构

齿轮泵的工作原理如图 4 – 1 – 7 所示，它是分离三片式结构，三片是指泵盖 4、8 和泵体 7，泵体 7 内装有一对齿数相同、宽度和泵体接近而又互相啮合的齿轮 6，这对齿轮与两端盖和泵体形成一密封腔，并由齿轮的齿顶和啮合线把密封腔划分为两部分，即吸油腔和压油腔。两齿轮分别用键固定在由滚针轴承支承的主动轴 12 和从动轴 15 上，主动轴由电动机带动旋转。

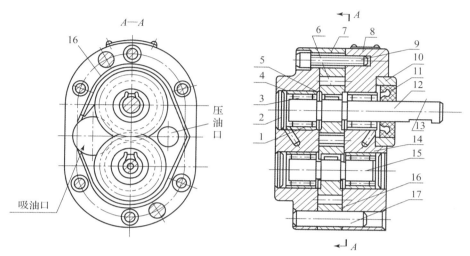

图 4 – 1 – 7　CB – B 齿轮泵的结构

1—轴承外环；2—堵头；3—滚子；4—后泵盖；5—键；6—齿轮；7—泵体；8—前泵盖；
9—螺钉；10—压环；11—密封环；12—主动轴；13—键；14—泄油孔；
15—从动轴；16—泄油槽；17—定位销

任务实施

一、计划与决策

根据任务要求，组员讨论并制订工作计划，并将齿轮泵的拆装步骤填在表 4 – 1 – 1 中。

表 4 – 1 – 1　工作计划

序号	内容	负责人	完成时间

序号	内容	负责人	完成时间

二、列出齿轮泵主要零件并说明其作用

齿轮泵主要零件及其作用见表 4 – 1 – 2。

表 4 – 1 – 2　齿轮泵主要零件及其作用

序号	零件名称	数量	作用

三、分析

（1）观察泵体两端面上泄油槽的形状、位置，并分析其作用。

（2）观察前后端盖上的两矩形卸荷槽的形状、位置，并分析其作用。

（3）观察进、出油口的形状和位置。

（4）考核评价。

考核评价表见表4-1-3。

表4-1-3　考核评价表

评分标准								
评价内容	序号	主要内容	考核要求	评分细则	配分	扣分	得分	备注
职业素养与操作规范（20分）	1	工作前准备	①清点工具、仪表、元件并摆放整齐。②穿戴好劳动防护用品	①工作前，未检查电源、仪表及清点工具、元件，扣2分。②工具、仪表等摆放不整齐，扣3分。③未穿戴好劳动防护用品，扣5分	10			出现明显失误，造成安全事故；严重违反考场纪律，造成恶劣影响的本次测试记0分
	2	"7S"规范	①操作过程中及作业完成后，保持工具、仪表等摆放整齐。②操作过程中无不文明行为，具有良好的职业操守。③独立完成考核内容，合理解决突发事件。④具有安全用电意识，操作符合规范要求。⑤作业完成后清理、核对仪表及工具数量，清扫工作现场	①操作过程中及作业完成后，工具等摆放不整齐，扣2分。②工作过程中出现违反安全规范的，扣5分。③作业完成后未清理、核对仪表及工具数量，未清扫工作现场，扣3分	10			
作品（80分）	3	齿轮泵的拆卸与组装	齿轮泵拆装前后状态一致	未一致，一处扣5分	60			
	4	工作压力分析	出油口压力与负载关系分析正确	不正确不得分	10			
	5	团队协作	与他人合作有效	酌情打分	10			
合计分数								

四、总结

（1）本次任务新接触的内容描述。

（2）总结在任务实施中遇到的困难及解决措施。

（3）综合评价自己的得失，总结成长的经验和教训。

任务4.2　加工中心液压系统动力元件的选择和拆装

教学目的

（1）掌握叶片泵的工作原理；
（2）掌握叶片泵的分类和结构；
（3）能进行叶片泵的主要性能和参数计算；
（4）能进行叶片泵简单故障的分析和排除。

任务引入

　　数控加工中心的主轴进给运动采用微电子伺服控制，而其他辅助运动则采用液压驱动，如图4-2-1所示，液压泵作为动力元件向各分支提供稳定的液压能源。由于工作的特殊性，所以正确选择动力元件是保证整个液压系统可靠工作的关键。试根据具体要求，选择液压系统的动力元件。

图4-2-1　数控加工中心

任务要求

（1）正确进行叶片泵拆装并记录；

（2）正确使用相关工具；

（3）正确检测叶片泵的工作压力，分析叶片泵工作时出油口、压力与负载之间的关系；

（4）实训结束后，对液压泵使用工具进行整理，并放回原处。

知识链接

叶片泵转子旋转时，叶片在离心力和压力油的作用下，尖部紧贴在定子内表面上。这样两个叶片与转子和定子内表面所构成的工作容积，先由小到大吸油后再由大到小排油，叶片旋转一周时，完成一次吸油与排油。

一、单作用叶片泵的工作原理

单作用叶片泵由转子 1、定子 2、叶片 3、配油盘和端盖等部件所组成，如图 4 - 2 - 2 所示。定子的内表面是圆柱形孔，转子和定子之间存在着偏心。叶片在转子的槽内可灵活滑动，在转子转动时的离心力以及通入叶片根部压力油的作用下，叶片顶部贴紧在定子内表面上，于是两相邻叶片、配油盘、定子和转子间便形成了一个个密封的工作腔。当转子按逆时针方向旋转时，如图 4 - 2 - 2 所示右侧的叶片向外伸出，密封工作腔容积逐渐增大，产生真空，于是通过吸油口和配油盘上窗口将油吸入。而在图 4 - 2 - 2 所示的左侧，叶片往里缩进，密封腔的容积逐渐缩小，密封腔中的油液经配油盘另一窗口和压油口被压出而输出到系统中去。这种泵在转子转一转的过程中，吸油、压油各一次，故称单作用泵。此外，因转子受到径向液压不平衡作用力，故又称非平衡式泵，其轴承负载较大。改变定子和转子间的偏心量，便可改变泵的排量，故这种泵都是变量泵。

二、双作用叶片泵的工作原理

它的作用原理和单作用叶片泵相似，不同之处只在于定子表面是由两段长半径圆弧、两段短半径圆弧和四段过渡曲线八个部分组成的，且定子和转子是同心的。在图 4 - 2 - 3 所示转子顺时针方向旋转的情况下，密封工作腔的容积在左上角和右下角处逐渐增大，为吸油区；在左下角和右上角处逐渐减小，为压油区。吸油区和压油区之间有一段封油区把它们隔开。这种泵的转子每转一转，每个密封工作腔完成吸油和压油动作各两次，所以称为双作用叶片泵。泵的两个吸油区和两个压油区是径向对称的，作用在转子上的液压力径向平衡，所以又称为平衡式叶片泵。

双作用叶片泵的瞬时流量是脉动的，当叶片数为 4 的倍数时脉动率小。为此，双作用叶片泵的叶片数一般都取 12 或 16。

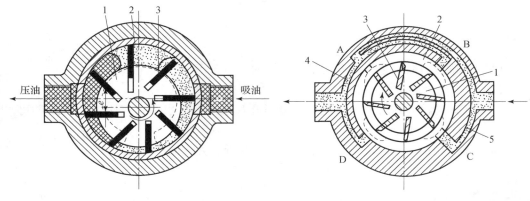

图 4-2-2　单作用叶片泵
1—转子；2—定子；3—叶片

图 4-2-3　双作用叶片泵
1—转子；2—定子；3—叶片；4—油液

任务实施

一、计划与决策

根据任务要求，组员讨论并制订工作计划，并将叶片泵的拆装步骤填在表 4-2-1 中。

表 4-2-1　工作计划

序号	内容	负责人	完成时间

二、列出叶片泵主要零件并说明其作用

叶片泵主要零件及其作用见表 4-2-2。

表 4-2-2　叶片泵主要零件及其作用

序号	零件名称	数量	作用

序号	零件名称	数量	作用

学习笔记

三、分析

（1）观察定子内表面四段圆弧和四段过渡曲线的组成情况。

（2）观察转子叶片上叶片槽的倾斜角度和斜倾方向。

（3）观察配油盘的结构。

（4）观察吸油口、压油口、三角槽、环形槽及槽的孔，并分析其作用。

（5）观察泵中所用密封圈的位置和形式。

（6）考核评价。

考核评价表见表4-2-3。

表4-2-3　考核评价表

评价内容	序号	主要内容	考核要求	评分细则	配分	扣分	得分	备注
				评分标准				
职业素养与操作规范（20分）	1	工作前准备	①清点工具、仪表、元件并摆放整齐。②穿戴好劳动防护用品	①工作前，未检查电源、仪表及清点工具、元件，扣2分。②仪表、工具等摆放不整齐，扣3分。③未穿戴好劳动防护用品，扣5分	10			出现明显失误，造成安全事故；严重违反考场纪律，造成恶劣影响的本次测试记0分
	2	"7S"规范	①操作过程中及作业完成后，保持工具、仪表等摆放整齐。②操作过程中无不文明行为，具有良好的职业操守。③独立完成考核内容，合理解决突发事件。④具有安全用电意识，操作符合规范要求。⑤作业完成后清理、核对仪表及工具数量，清扫工作现场	①操作过程中及作业完成后，工具、仪表等摆放不整齐，扣2分。②工作过程中出现违反安全规范的扣5分。③作业完成后未清理、核对仪表及工具数量，未清扫工作现场，扣3分	10			
作品（80分）	3	叶片泵的拆卸与组装	叶片泵拆装前后状态一致	未一致，一处扣5分	60			
	4	工作压力分析	出油口压力与负载关系分析正确	不正确不得分	10			
	5	团队协作	与他人合作有效	酌情打分	10			
合计分数								

四、总结

（1）本次任务新接触的内容描述。

（2）总结在任务实施中遇到的困难及解决措施。

（3）综合评价自己的得失，总结成长的经验和教训。

任务4.3　液压拉床动力元件的选择和拆装

教学目的

（1）掌握柱塞泵的工作原理；
（2）掌握柱塞泵的分类和结构；
（3）能进行柱塞泵的主要性能和参数计算；
（4）能进行柱塞泵简单故障分析和排除。

任务引入

　　液压拉床是用拉刀加工工件各种内外成形表面的机床，如图4-3-1所示。拉床主要应用于对通孔、平面及成形表面的加工。虽然拉刀的机构复杂、成本高，但是其加工效率和加工精度高，而且有较小的表面粗糙度，因此在机械加工中占有相当重要的地位。因拉时拉床受到的切削力非常大，所以它通常是由液压驱动的。那么如何选择拉床液压系统的动力元件才能保证较大的切削力呢？

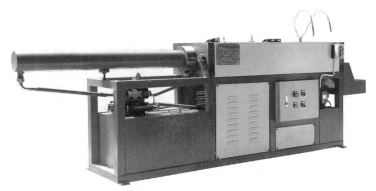

图 4 – 3 – 1   液压拉床

任务要求

（1）正确进行柱塞泵拆装并记录；

（2）正确使用相关工具；

（3）正确检测柱塞泵的工作压力，分析叶片泵工作时出油口、压力与负载之间的关系。

（4）实训结束后，对液压泵使用工具进行整理，并放回原处。

知识链接

柱塞泵是液压系统的一个重要装置，它依靠柱塞在缸体中往复运动，使密封工作容腔的容积发生变化来实现吸油、压油。柱塞泵具有额定压力高、结构紧凑、效率高和流量调节方便等优点。

柱塞泵被广泛应用于高压、大流量和流量需要调节的场合，诸如液压机、工程机械和船舶中。

一、轴向柱塞泵的工作原理

轴向柱塞泵的工作原理，如图 4 – 3 – 2 所示，轴向柱塞泵是将多个柱塞配置在一个共同刚体的圆周上，并使柱塞中心线和缸体中心线平行的一种泵。柱塞沿圆周均匀分布在缸体内，斜盘轴线与缸体轴线倾斜一个角度，柱塞靠机械装置或在低压油的作用下压紧在斜盘上（图 4 – 3 – 2 中为弹簧6），配油盘 2 和配油盘 4 固定不动，当原动机通过传动轴使缸体转动时，由于斜盘的作用，迫使柱塞在缸体内做往复运动，并通过配油盘的配油窗口进行吸油和压油。如图 4 – 3 – 2 所示的回转方向，当刚体转动角在 $\pi/2$ 到 $-\pi/2$ 范围内时，柱塞向外伸出，柱塞底部缸孔的密封工作容积增大，通过配油盘的吸油窗口吸油；在 $-\pi/2$ 到 $\pi/2$ 的范围内，柱塞被斜盘推入缸体，使缸孔的密封容积减小，通过配油盘的压油窗口压油。缸体每转一周，每个柱塞各完成吸、压油过程一次，若改变斜盘倾角 γ，就能改变柱塞行程的长度，即改变液压泵的排量和倾盘斜盘倾角方向，就能改变吸油和压油的方向，即成为双向变量泵。

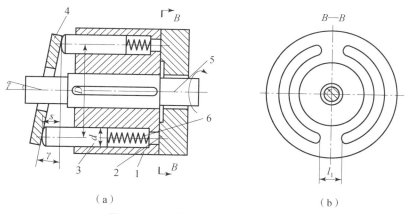

图 4 – 3 – 2　轴向柱塞泵的工作原理

1—缸体；2—配油盘；3—柱塞；4—斜盘；5—传动轴；6—弹簧

二、径向柱塞泵的工作原理

径向柱塞泵的工作原理如图 4 – 3 – 3 所示，柱塞 1 径向排列装在缸体中，缸体由原动机带动，连同柱塞 1 一起旋转，所以刚体一般称为定子。柱塞 1 在离心力（或在低压油）的作用下抵紧定子 4 内壁，当转子按图 4 – 3 – 3 所示方向回转时，由于定子和转子之间有偏心距 e，柱塞绕经上半周时向外伸出，柱塞底部的容积逐渐增大，形成部分真空，因此便经过衬套 3（衬套 3 压紧在转子内，并和转子一起回转）上的油孔从配油孔和吸油口吸油；当柱塞转到下半周时，定子内壁将柱塞向里推，柱塞底部的容积逐渐减小，像配油轴的压油口 c 压油。当转子回转一周时，每个柱塞底部的密封容积完成一次吸、压油，转子连续转动，即完成吸、压油工作。配油轴固定不动，油液从配油轴上半部分的两个孔 a 流入，从下半部分两个油口 d 压出，为了进行配油，配油轴在和衬套 3 接触的一段加工出上下两个缺口，形成吸油口 b 和压油口 c，留下的部分形成封油区。封油区的宽度应能封住衬套上的吸、压油孔，以防吸油口和压油口相连通，但尺寸也不能大的太多，以免产生困油现象。

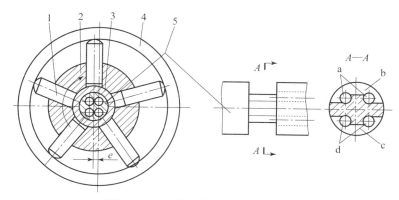

图 4 – 3 – 3　径向柱塞泵的工作原理

1—柱塞；2—转子；3—衬套；4—定子；5—配油轴

任务实施

一、计划与决策

根据任务要求，组员讨论并制订工作计划，将柱塞泵的拆装步骤填在表4-3-1中。

表4-3-1　工作计划

序号	内容	负责人	完成时间

二、列出柱塞泵主要零件并说明其作用

柱塞泵主要零件及其作用见表4-3-2。

表4-3-2　柱塞泵主要零件及其作用

序号	零件名称	数量	作用

序号	零件名称	数量	作用

三、分析

（1）观察缸体结构，并分析其作用。

（2）观察柱塞与滑履的结构，并分析其作用。

（3）观察中心弹簧机构和变量机构的结构、位置，并分析其作用。

（4）考核评价。

考核评价表见表 4 – 3 – 3。

表4－3－3　考核评价表

评价内容	序号	主要内容	考核要求	评分细则	配分	扣分	得分	备注
				评分标准				
职业素养与操作规范（20分）	1	工作前准备	①清点工具、仪表、元件并摆放整齐。②穿戴好劳动防护用品	①工作前，未检查电源、仪表及清点工具、元件，扣2分。②仪表、工具等摆放不整齐，扣3分。③未穿戴好劳动防护用品，扣5分	10			出现明显失误，造成安全事故；严重违反考场纪律，造成恶劣影响的本次测试记0分
	2	"7S"规范	①操作过程中及作业完成后，保持工具、仪表等摆放整齐。②操作过程中无不文明行为，具有良好的职业操守。③独立完成考核内容，合理解决突发事件。④具有安全用电意识，操作符合规范要求。⑤作业完成后清理、核对仪表及工具数量，清扫工作现场	①操作过程中及作业完成后，工具、仪表等摆放不整齐，扣2分。②工作过程中出现违反安全规范的，扣5分。③作业完成后未清理、核对仪表及工具数量，未清扫工作现场，扣3分	10			
作品（80分）	3	柱塞泵的拆卸与组装	柱塞泵拆装前后状态一致	未一致，一处扣5分	60			
	4	工作压力分析	出油口压力与负载关系分析正确	不正确不得分	10			
	5	团队协作	与他人合作有效	酌情打分	10			
合计分数								

四、总结

（1）本次任务新接触的内容描述。

（2）总结在任务实施中遇到的困难及解决措施。

（3）综合评价自己的得失，总结成长的经验和教训。

任务4.4　压蜡机执行元件的选择和分析

教学目的

（1）了解液压缸的类型及其特点；
（2）掌握液压缸主要尺寸的确定方法；
（3）了解液压缸的结构及选用方法。

任务引入

如图4-4-1所示，双工位双缸液压蜡模压注机设有两个挤蜡缸，液压系统配有4个液压油泵，两个挤蜡缸分别给两个工位供蜡，两工位可按工艺要求分别调定射蜡压力，克服了双工位单缸压蜡机射蜡压力相互影响的问题。每个工位配有两个液压油泵，压模、进模、退模、升模由一个油泵供油；挤蜡由一个油泵专门供油，射蜡压力可根据工艺要求调定。更换蜡缸，采用回转进出，操作轻便，定位准确。那么在压蜡机中由什么元件来带动主轴完成这一运动？该如何选择这些元件呢？

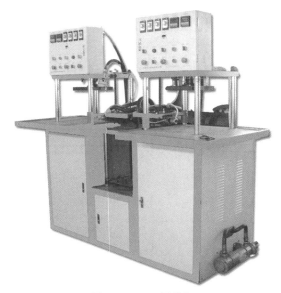

图4-4-1　压蜡机

任务要求

（1）正确进行液压缸的拆装并记录；

（2）正确使用相关工具；

（3）正确检测液压缸的运功速度和工作压力，分析影响液压缸正常工作及容积效率的因素，了解易产生故障的部件，并分析其原因；

（4）实训结束后，对液压缸使用工具进行整理，并放回原处。

知识链接

液压缸是液压传动系统中的执行元件，它是把液压能转换成机械能的能量转换装置。液压马达实现的是连续回转运动，而液压缸实现的则是往复运动。液压缸根据结构形式不同有活塞缸、柱塞缸、摆动缸三大类，活塞缸和柱塞缸实现往复直线运动，输出速度和推力；摆动缸实现往复摆动，输出角速度（转速）和转矩。液压缸除了单个使用外，还可以两个或多个组合或和其他机构组合起来使用，以完成特殊的功用。液压缸结构简单、工作可靠，在机床的液压系统中得到了广泛的应用。

一、液压缸的分类

液压缸的结构形式多种多样，其分类方法也有多种：按运动方式可分为直线往复运动式和回转摆动式；按受液压力作用情况可分为单作用式和双作用式，如图 4 - 4 - 2 和图 4 - 4 - 3 所示；按结构形式可分为活塞式、柱塞式、多级伸缩套筒式、齿轮齿条式等；按安装形式可分为拉杆、耳环、底脚、铰轴等；按压力等级可分为 16 MPa、25 MPa、31. 5 MPa 等。

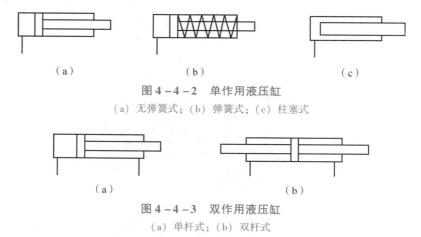

（a）　　　　　　　　　（b）　　　　　　　　　（c）

图 4 - 4 - 2　单作用液压缸

（a）无弹簧式；（b）弹簧式；（c）柱塞式

（a）　　　　　　　　　　（b）

图 4 - 4 - 3　双作用液压缸

（a）单杆式；（b）双杆式

二、液压缸的结构

液压缸的结构基本上可以分为缸筒和缸盖、活塞和活塞杆、密封装置、缓冲装置、排气装置五个部分，如图 4 - 4 - 4 所示。

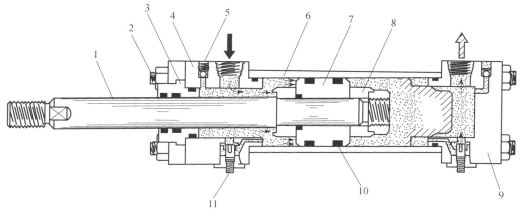

图 4-4-4 活塞式液压缸结构

1—活塞杆；2—接杆；3—衬套；4—前端盖；5—放气口；6—缸筒；7—活塞；8—缓冲头；
9—后端盖；10—密封圈；11—缓冲阀

1. 缸筒和缸盖

一般来说，缸筒与缸盖的结构形式和其使用的材料有关。当工作压力 $p < 10$ MPa 时，使用铸铁；当 $p < 20$ MPa 时，使用无缝钢管；当 $p > 20$ MPa 时，使用铸钢或锻钢。图 4-4-5 所示为缸筒和缸盖的常见结构形式。图 4-4-5（a）所示为法兰连接式其结构简单，容易加工，也容易装拆，但外形尺寸和重量都较大，常用于铸铁制的缸筒上；图 4-4-5（b）所示为半环连接式，它的缸筒壁部因开了环形槽而削弱了强度，为此有时要加厚缸壁，它容易加工和装拆，重量较轻，常用于无缝钢管或锻钢制的缸筒上；图 4-4-5（c）所示为螺纹连接式，它的缸筒端部结构复杂，外径加工时要求保证内外径同心，装拆要使用专用工具，它的外形尺寸和重量都较小，常用于无缝钢管或铸钢制的缸筒上；图 4-4-5（d）所示为拉杆连接式，结构的通用性大，容易加工和装拆，但外形尺寸较大，且较重；图 4-4-6（e）所示为焊接连接式，结构简单，尺寸小，但缸底处内径不易加工，且可能引起变形。

2. 活塞与活塞杆

可以把短行程液压缸的活塞杆与活塞做成一体，这是最简单的形式。但当行程较长时，这种整体式活塞组件的加工较费事，所以常把活塞与活塞杆分开制造，然后再连接成一体。图 4-4-6 所示为几种常见的活塞与活塞杆的连接形式。图 4-4-6（a）所示为活塞与活塞杆之间采用螺母连接，它适用负载较小、受力无冲击的液压缸中。螺纹连接虽然结构简单，安装方便可靠，但在活塞杆上车螺纹将削弱其强度。图 4-4-6（b）和图 4-4-6（c）所示为卡环式连接方式。图 4-4-6（b）中活塞杆 5 上开有一个环形槽，槽内装有两个半环以夹紧活塞，半环由轴套套住，而轴套的轴向位置用弹簧卡圈来固定。图 4-4-6（c）中的活塞杆使用了两个半环，它们分别由两个密封圈座套住，半圆形的活塞安放在密封圈座的中间。图 4-4-6（d）所示为一种径向销式连接结构，用锥销把活塞固连在活塞杆上，这种连接方式特别适用于双出杆式活塞。

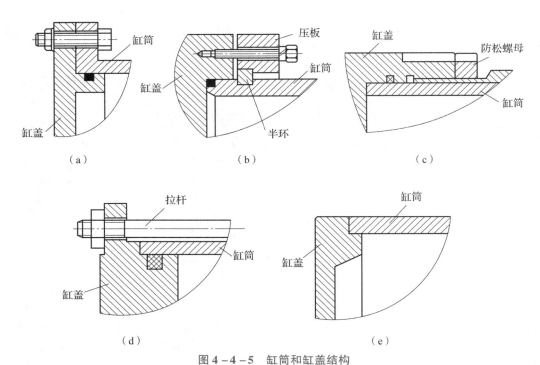

图 4 - 4 - 5　缸筒和缸盖结构

（a）法兰连接式；（b）半环连接式；（c）螺纹连接式；（d）拉杆连接式；（e）焊接连接式

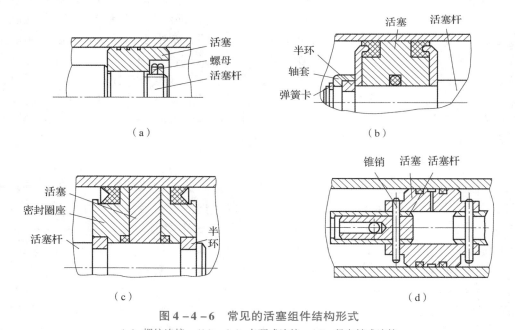

图 4 - 4 - 6　常见的活塞组件结构形式

（a）螺纹连接；（b），（c）卡环式连接；（d）径向销式连接

3. 密封装置

液压缸中常见的密封装置如图 4 - 4 - 7 所示。图 4 - 4 - 7 （a）所示为间隙密封，它依靠运动间的微小间隙来防止泄漏。为了提高这种装置的密封能力，常在活塞的表

面制出几条细小的环形槽，以增大油液通过间隙时的阻力。它的结构简单，摩擦阻力小，可耐高温，但泄漏大，加工要求高，磨损后无法恢复原有能力，只有在尺寸较小、压力较低、相对运动速度较高的缸筒和活塞间使用。图4-4-7（b）所示为摩擦环密封，它依靠套在活塞上的摩擦环（尼龙或其他高分子材料制成）在O形密封圈的弹力作用下贴紧缸壁而防止泄漏。这种材料效果较好，摩擦阻力较小且稳定，可耐高温，磨损后有自动补偿能力，但加工要求高，装拆较不便，适用于缸筒和活塞之间的密封。图4-4-7（c）、图4-4-7（d）所示为密封圈（O形圈、V形圈等）密封，它利用橡胶或塑料的弹性使各种截面的环形圈贴紧在静、动配合面之间来防止泄漏，其结构简单，制造方便，磨损后有自动补偿能力，性能可靠，在缸筒和活塞之间、缸盖和活塞杆之间、活塞和活塞杆之间、缸筒和缸盖之间都能使用。

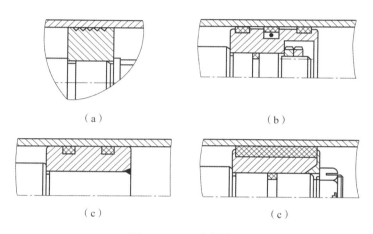

（a）　　　　　　　　　　（b）

（c）　　　　　　　　　　（c）

图4-4-7　密封装置

（a）间隙密封；（b）摩擦环密封；（c）O形圈密封；（d）V形圈密封

　　对于活塞杆外伸部分来说，由于它很容易把脏物带入液压缸，使油液受污染及密封件磨损，因此常需在活塞杆密封处增添防尘圈，并放在向着活塞杆外伸的一端。

4. 缓冲装置

　　液压缸一般都设置缓冲装置，特别是对大型、高速或要求高的液压缸，为了防止活塞在行程终点时和缸盖相互撞击，引起噪声、冲击，故必须设置缓冲装置。

　　缓冲装置的工作原理是利用活塞或缸筒在其走向行程终端时封住活塞和缸盖之间的部分油液，强迫它从小孔或细缝中挤出，以产生很大的阻力，使工作部件受到制动，逐渐减慢运动速度，达到避免活塞和缸盖相互撞击的目的。如图4-4-8（a）所示，当缓冲柱塞进入与其相配的缸盖上的内孔时，孔中的液压油只能通过间隙δ排出，使活塞速度降低。由于配合间隙不变，故随着活塞运动速度的降低，起缓冲作用。当缓冲柱塞进入配合孔之后，油腔中的油只能经节流阀排出，如图4-4-8（b）所示。由于节流阀是可调的，因此缓冲作用也可调节，但仍不能解决速度降低后缓冲作用减弱的缺点。如图4-4-8（c）所示，在缓冲柱塞上开有三角槽，随着柱塞逐渐进入配合孔中，其节流面积越来越小，解决了在行程最后阶段缓冲作用过弱的问题。

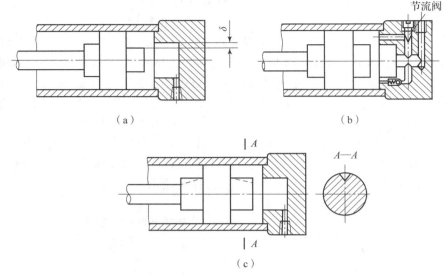

图 4 – 4 – 8　液压缸的缓冲装置

5. 放气装置

液压缸在安装过程中或长时间停放重新工作时，液压缸里和管道系统中会渗入空气，为了防止执行元件出现爬行，噪声和发热等不正常现象，需把缸中和系统中的空气排出。一般可在液压缸的最高处设置进出油口把气带走，也可在最高处设置如图 4 – 4 – 9（a）所示的放气孔或专门的放气阀，如图 4 – 4 – 9 所示。

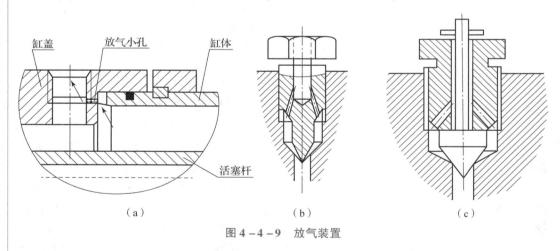

图 4 – 4 – 9　放气装置

二、液压缸的参数计算

液压缸的参数计算，主要指活塞的运动速度和推力，下面通过三种不同类型的液压缸进行论述。

1. 单杆缸

如图 4 – 4 – 10 所示，若泵输入液压缸的流量为 q，压力为 p，则当无杆腔进油时活

塞运动速度 v_1 及推力 F_1 为

$$v_1 = \frac{q}{A_1} = \frac{4q}{\pi D^2}(\text{m/s}) \tag{4-4-1}$$

$$F_1 = pA_1 = p\frac{\pi D^2}{4}(\text{N}) \tag{4-4-2}$$

如图 4-4-11 所示，当有杆腔进油时活塞运动速度 v_2 及推力 F_2 为

$$v_2 = \frac{q}{A_2} = \frac{4q}{\pi(D^2 - d^2)}(\text{m/s}) \tag{4-4-3}$$

$$F_2 = pA_2 = p\frac{\pi(D^2 - d^2)}{4}(\text{N}) \tag{4-4-4}$$

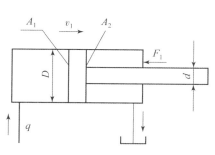

图 4-4-10　无杆腔进油

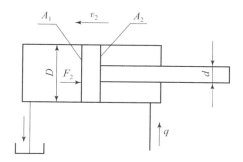

图 4-4-11　有杆腔进油

比较上述各式，可以看出：$v_2 > v_1$，$F_1 > F_2$，故液压缸往复运动时的速度比为

$$\frac{v_1}{v_2} = \frac{D^2 - d^2}{D^2} \tag{4-4-5}$$

由上述公式分析得知，若有效作用面积大，则推力大，速度慢；反之，若有效作用面积小，则推力小，速度快。

2. 差动连接缸

如图 4-4-12 所示，当缸的两腔同时通压力油时，由于作用在活塞两端面上的推力不等，故产生推力差，在此推力差的作用下，活塞向右运动，这时从液压缸有杆腔排出的油液也进入液压缸的左端，使活塞实现快速运动。这种连接方式称为差动连接。这种两端同时通压力油利用活塞两端面积差进行工作的单出杆液压缸也叫差动液压缸。

设差动连接时泵的供油量为 q，无杆腔的进油量为 q_1，有杆腔的排油量为 q_2，则活塞运动速度 v_3 及推力 F_3 为

$$q = q_1 - q_2 = A_1 v_3 - A_2 v_3 = A_3 v_3 = v_3 \frac{\pi d^2}{4} \tag{4-4-6}$$

$$v_3 = \frac{4q}{\pi d^2} \tag{4-4-7}$$

$$F_3 = pA_3 = p\frac{\pi d^2}{4}(\text{N}) \tag{4-4-8}$$

由上述公式分析得知，同样大小的液压缸差动连接时，活塞的速度 v_3 大于无差动连接时的速度 v_1，因而可以获得快速运动。当要求差动液压缸的往返速度相同时（$v_3 =$

v_2），只要使活塞直径满足下列关系即可：

$$D = \sqrt{2}d \qquad (4-4-9)$$

差动连接通常应用于需要快进工进、快退运动的组合机床液压系统中。

3. 双作用、双出杆活塞式液压缸

双作用、双出杆活塞式液压缸的活塞两端都带有活塞杆，分为缸体固定和活塞杆固定两种形式。如图 4-4-13 所示，因为双杆活塞式液压缸的两活塞杆直径相等，所以当输入流量和油液压力不变时，其往返运动速度和推力相等，则钢缸的运动速度 v 及推力 F 为

$$v = \frac{q}{A} = \frac{4q}{\pi(D^2 - d^2)}(\text{m/s}) \qquad (4-4-10)$$

$$F = pA = p\frac{\pi(D^2 - d^2)}{4}(\text{N}) \qquad (4-4-11)$$

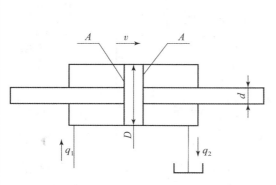

图 4-4-12　差动连接

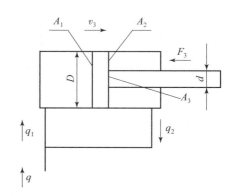

图 4-4-13　双作用、双出杆活塞式液压缸

三、液压马达

液压马达是液压系统的一种执行元件，它将液压泵提供的液体压力能转变为其输出轴的机械能（转矩和转速）。

1. 液压马达分类

液压马达按其结构类型来分，可以分为齿轮式、叶片式、柱塞式和其他形式。按液压马达的额定转速分为高速和低速两大类。额定转速高于 500 r/min 的属于高速液压马达，额定转速低于 500 r/min 的属于低速液压马达。高速液压马达的基本形式有齿轮式、螺杆式、叶片式和轴向柱塞式等。它们的主要特点是转速较高、转动惯量小、便于启动和制动、调节（调速及换向）灵敏度高。通常高速液压马达输出转矩不大，所以又称为高速小转矩液压马达。低速液压马达的基本形式是径向柱塞式，此外在轴向柱塞式、叶片式和齿轮式中也有低速的结构形式。低速液压马达的主要特点是排量大、体积大、转速低（有时可达每分钟几转甚至零点几转），因此可直接与工作机构连接；不需要减速装置，使传动机构大为简化。通常低速液压马达输出转矩较大，所以又称为低速大转矩液压马达。

2. 液压马达的工作原理

（1）外啮合齿轮液压马达工作原理。

外啮合齿轮液压马达工作原理如图 4-4-14 所示，c 为 Ⅰ、Ⅱ 两齿轮的啮合点，h 为齿轮的全齿高。啮合点 c 到两齿轮 Ⅰ、Ⅱ 的齿根距离分别为 h 和 b，齿宽为 B。当高压油 P 进入马达的高压腔时，处于高压腔所有轮齿均受到压力油的作用，其中相互啮合的两个轮齿的齿面只有一部分齿面受高压油的作用。由于 h 和 b 均小于齿高 h，所以在两个齿轮 Ⅰ、Ⅱ 上就产生作用力 $pB(h-a)$ 和 $pB(h-b)$。在这两个力的作用下，对齿轮产生输出转矩，随着齿轮按图示方向旋转，油液被带到低压腔排出。齿轮液压马达的排量 V 为

$$V = 2\pi z m^2 B \tag{4-4-12}$$

式中：z——齿数；

$\quad\quad m$——齿轮模数；

$\quad\quad B$——齿宽。

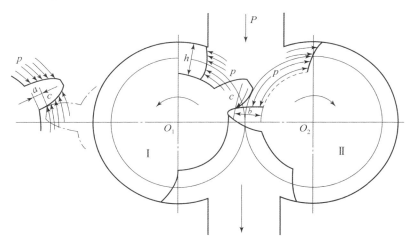

图 4-4-14　外啮合齿轮液压马达工作原理

齿轮马达在结构上为了适应正反转要求，进出油口油压相等、具有对称性，且有单独外泄油口将轴承部分的泄漏油引出壳体外；为了减少启动摩擦力矩，采用滚动轴承；为了减少转矩脉动，齿轮液压马达的齿数比泵的齿数要多。

齿轮液压马达由于密封性差，容积效率较低，输入油压力不能过高，不能产生较大转矩，并且瞬间转速和转矩随着啮合点的位置变化而变化，因此齿轮液压马达仅适合于高速小转矩的场合。其一般用于工程机械、农业机械以及对转矩均匀性要求不高的机械设备上。

（2）叶片液压马达工作原理。

常用的叶片液压马达为双作用式，现以双作用式来说明其工作原理。

叶片液压马达工作原理如图 4-4-15 所示。当高压油从进油口进入工作区段的叶片 1 和 4 之间的容积时，其中叶片 5 两侧均受高压油作用不产生转矩，而叶片 1 和 4 一侧受高压油的作用，另一侧受低压油的作用。由于叶片 1 伸出面积大于叶片 4 伸出的面积，所以产生使转子顺时针方向转动的转矩。同理，叶片 3 和 2 之间也产生顺时针

方向转矩。由图 4 - 4 - 15 可以看出，当改变进油方向时，即高压油 P 进入叶片 3 和 4 之间容积及叶片 1 和 2 之间容积时，叶片带动转子逆时针转动。

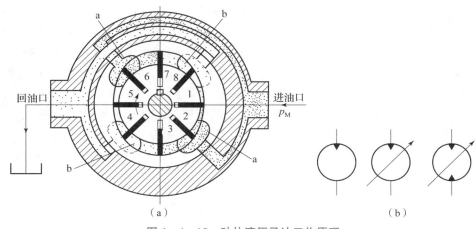

图 4 - 4 - 15 叶片液压马达工作原理

（a）工作原理；（b）图形符号

叶片液压马达的排量：

$$V = 2\pi B(R_2 - r_2) - 2zBS(R - r) \tag{4 - 4 - 13}$$

式中：R——大圆弧半径；

　　　r——小圆弧半径；

　　　z——叶片数；

　　　B——叶片宽度；

　　　S——叶片厚度。

为了适应马达正反转要求，叶片液压马达的叶片为径向放置，为了使叶片底部始终通入高压油，在高、低油腔通入叶片底部的通路上装有梭阀。为了保证叶片液压马达在压力油通入后，高、低压腔不致串通且能正常启动，在叶片底部设置了预紧弹簧——燕式弹簧。

叶片液压马达体积小，转动惯量小，反应灵敏，能适应较高频率的换向，但泄漏较大，低速时不够稳定。它适用于转矩小、转速高、机械性能要求不严格的场合。

（3）轴向柱塞马达工作原理。

轴向柱塞泵除阀式配流型不能作马达用外，配流盘配流的轴向柱塞泵只需将配流盘改成对称结构，即可作液压马达用，因此二者是可逆的。轴向柱塞马达的工作原理如图 4 - 4 - 16 所示，配油盘 4 和斜盘 1 固定不动，马达轴 5 与缸体 2 相连接一起旋转。当压力油经配油盘 4 的窗口进入缸体 2 的柱塞孔时，柱塞 3 在压力油的作用下外伸，紧贴斜盘 1，斜盘 1 对柱塞 3 产生一个法向反力 F，此力可分解为轴向分力 F_x 和垂直分力 F_y。F_x 与柱塞上液压力相平衡，而 F_y 则使柱塞对缸体中心产生一个转矩，带动马达轴逆时针方向旋转。轴向柱塞马达产生的瞬时总转矩是脉动的。若改变马达压力油输入方向，则马达轴 5 按顺时针方向旋转，实现换向。改变斜盘倾角 α，可改变其排量，这样，在马达的进、出油口压力差和输入流量不变的情况下即改变了马达的输出转矩和转速，斜盘倾角越大，产生的转矩越大，转速越低。若改变斜盘倾角的方向，则在马达进、出油口不变的情况下，可以改变马达的旋转方向。

轴向柱塞马达的排量：

$$V = (\pi d_2 / 4) Dz \tan \alpha \qquad (4-4-14)$$

式中：z——柱塞数；

D——分布圆直径；

d——柱塞直径；

α——斜盘相对传动轴倾角。

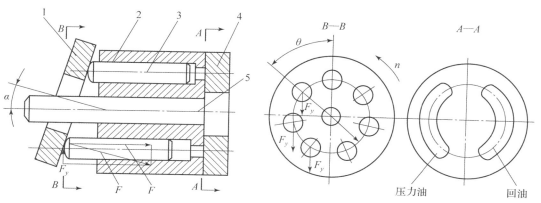

图 4-4-16　轴向柱塞马达工作原理

1—斜盘；2—缸体；3—柱塞；4—配油盘；5—马达轴

任务实施

一、计划与决策

根据任务要求，组员讨论并制订工作计划，将液压缸的拆装步骤填在表 4-4-1 中。

表 4-4-1　工作计划

序号	内容		负责人	完成时间

二、列出液压缸主要零件并说明其作用

液压缸主要零件及其作用见表4-4-2。

表4-4-2 液压缸主要零件及其作用

序号	零件名称	数量	作用

三、分析

（1）观察活塞与活塞杆的连接方式。

（2）观察缸筒与缸盖的连接方式。

（3）观察中心弹簧机构和变量机构的结构、位置，并分析其作用。

（4）考核评价。

考核评价表见表 4 - 4 - 3。

表 4 - 4 - 3　考核评价表

评价内容	序号	主要内容	评分标准		配分	扣分	得分	备注
			考核要求	评分细则				
职业素养与操作规范（20 分）	1	工作前准备	①清点工具、仪表、元件并摆放整齐。②穿戴好劳动防护用品	①工作前，未检查电源、仪表及清点工具、元件，扣 2 分。②仪表、工具等摆放不整齐，扣 3 分。③未穿戴好劳动防护用品，扣 5 分	10			出现明显失误，造成安全事故；严重违反考场纪律，造成恶劣影响的本次测试记 0 分
	2	"7S" 规范	①操作过程中及作业完成后，保持工具、仪表等摆放整齐。②操作过程中无不文明行为，具有良好的职业操守。③独立完成考核内容，合理解决突发事件。④具有安全用电意识，操作符合规范要求。⑤作业完成后清理、核对仪表及工具数量，清扫工作现场	①操作过程中及作业完成后，工具、仪表等摆放不整齐，扣 2 分。②工作过程中出现违反安全规范的，扣 5 分。③作业完成后未清理、核对仪表及工具数量，未清扫工作现场，扣 3 分	10			
作品（80 分）	3	液压缸的拆卸与组装	液压缸拆装前后状态一致	不一致，一处扣 5 分	60			
	4	影响液压缸正常工作及容积效率分析	影响液压缸正常工作及容积效率分析正确	不正确不得分	10			
	5	团队协作	与他人合作有效	酌情打分	10			
合计分数								

四、总结

（1）本次任务新接触的内容描述。

（2）总结在任务实施中遇到的困难及解决措施。

（3）综合评价自己的得失，总结成长的经验和教训。

 汽车起重机支腿的控制回路

 教学目的

（1）掌握方向阀的功能和分类；
（2）掌握换向阀的工作原理和中位机能；
（3）能对方向控制阀进行正确选用及维护；
（4）能够对方向控制回路进行连接、安装及运行；
（5）能对锁紧回路进行油路分析；
（6）能根据系统功能设计基本换向回路。

 任务引入

如图4-5-1所示，汽车起重机由汽车发动机通过传动装置驱动工作，由于汽车轮胎支撑能力有限，且为弹性变形体，不是很安全，故在起重作业前必须放下前后支腿，使汽车轮胎架空，用支腿承重；在行驶时又必须将支腿收起，轮胎着地。要确保支腿停放在任意位置并能可靠地锁住，不受外界影响而发生漂移或窜动，应选用何种液压元件来实现这一功能呢？实际应用中常在每一个支腿液压缸的油路中设置一个由两个液控单向阀组成的双向液压锁来实现。

图 4 - 5 - 1　汽车起重机

任务要求

（1）分析汽车起重机支腿功能，设计并画出系统回路图；

（2）在实训台上调试运行回路；

（3）动作顺序符合要求。

知识链接

方向控制阀通过阀芯和阀体间相对位置的改变，来实现油路通道通断状态的改变，从而控制油液的流动方向。常用的方向控制阀有单向阀和换向阀。单向阀主要用于控制油液的单向流动；换向阀主要用于改变油液的流动方向或者接通或切断油路。

一、单向阀

1. 普通单向阀

（1）普通单向阀的工作原理。

普通单向阀的作用是使油液只能按一个方向流动，而反向截止。图 4 - 5 - 2 所示为一种管式普通单向阀的结构和职能符号。

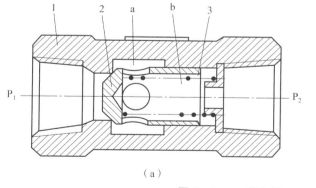

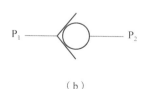

（a）　　　　　　　　　　　　　　　　（b）

图 4 - 5 - 2　单向阀

（a）结构原理；（b）职能符号

1—阀体；2—阀芯；3—弹簧

当液流由油口 a 流入时，克服锥阀上的弹簧力，推动阀芯右移，于是液压油由油口 a 流向油口 b；当液流由油口 b 流入时，阀芯在液压力和弹簧力的作用下处于关闭状态，油口 a 无液压油流出。

（2）普通单向阀的应用。

①普通单向阀装在压泵的出口处，可以防止油液倒流而损坏压泵，如图 4 - 5 - 3 中的阀 5。

②普通单向阀装在回油管路上做背压阀，使其产生一定的回油阻力，以满足控制油路使用要求或改善执行元件的工作性能。

③隔开油路之间不必要的联系，防止油路相互干扰，如图 4 - 5 - 3 中的阀 1 和阀 2。

④普通单向阀与其他阀制成组合阀，如单向减压阀、单向顺序阀和单向调速阀等。

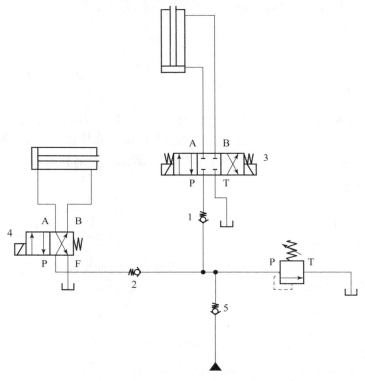

图 4 - 5 - 3 单向阀防止油路互相干扰

1，2，3，4，5—阀

2. 液控单向阀

（1）液控单向的工作原理。

液控单向阀是依靠控制流体压力，使单向阀反向流通的阀。图 4 - 5 - 4 所示为液控单向阀的结构和职能符号。

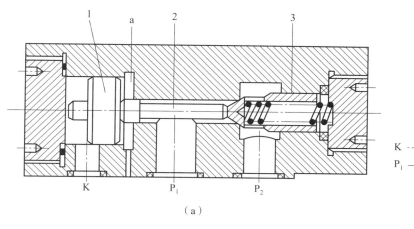

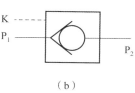

（a）　　　　　　　　　　　　　　　（b）

图 4 – 5 – 4　液控单向阀

（a）结构原理；（b）职能符号

1—活塞；2—顶杆；3—阀芯

　　液控单向阀由普通单向阀和液控装置两部分组成。当油口 K 处不通入压力油时，其作用与普通单向阀相同；当油口可以通入压力油时，应控制活塞右侧 a 腔与泄油口相通，活塞在压力的作用下右移，推动顶杆顶开阀芯，使通口 P_1 和 P_2 接通，油液可在两个方向自由流动。

　　（2）液控单向阀的应用。

　　①保持压力。滑阀式换向阀都有间隙泄露现象，只能短时间保压。当有保压要求时，可以在油路上加一个液控单向阀，如图 4 – 5 – 5（a）所示，利用锥阀关闭的严密性，使油路进行长时间保压。

　　②用于液压缸的"支撑"。如图 4 – 5 – 5（b）所示，液控单向阀接于液压缸下腔的油路，可防止立式液压缸的活塞和滑块等活动部分因滑阀泄漏而下滑。

　　③实现液压缸的锁紧状态。如图 4 – 5 – 5（c）所示，当换向阀处于中位时，两个液控单向阀关闭，严密封闭液压缸两腔的油液，这时活塞就不能因外力作用而产生移动。

　　④大流量排油。图 4 – 5 – 5（d）中液压缸两腔的有效工作面积相差很大，在活塞退回时，液压缸右腔排油骤然增大，此时若采用小流量的滑阀，会产生节流作用，限制活塞的后退速度；若加设液控单向阀，则在液压缸活塞后退时，控制压力油将液控单向阀打开，便可以顺利地将右腔油液排出。

　　⑤作为充油阀使用。立式液压缸的活塞在高速下降过程中，因高压油和自重的作用，致使下降迅速，产生吸空和负压，必须增设补油装置。如图 4 – 5 – 5（e）所示的液控单向阀就是作为充油阀使用，以完成补油功能。

　　⑥组合成换向阀。图 4 – 5 – 5（f）所示为用液控单向阀组合成换向阀的例子，它是由两个液控单向阀和一个单向阀组成，相当于一个三位三通换向阀的换向回路。

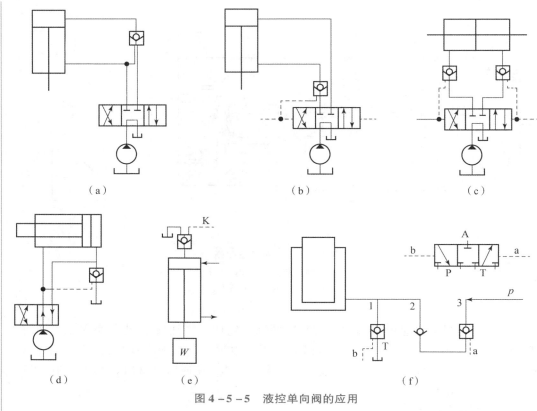

图 4 – 5 – 5 液控单向阀的应用

二、换向阀

换向阀的作用是利用阀芯对阀体的相对运动，使油路接通、关断或变换油流的方向，从而实现液压执行元件及其驱动机构的启动、停止或变换运动方向。换向阀的种类很多，其分类见表 4 – 5 – 1。

表 4 – 5 – 1 换向阀的分类

分类方式	类型
按阀的操纵方式分	手动、机动、电磁动、液动、电液动换向阀
按阀芯位置数和通道数分	二位三通、二位四通、三位四通、三位五通换向阀
按阀芯的运动方式分	滑阀、转阀和锥阀
按阀的安装方式分	管式、板式、法兰式、叠加式、插装式

常用的换向阀阀芯在阀体内做往复滑动，称为滑阀。滑阀是一个有多段环形槽的圆柱体，其直径大的部分称为凸肩，凸肩与阀体内孔相配合。阀体内孔中加工有若干段环形槽，阀体上有若干个与外部相通的通路口，并与相应的环形槽相通，如图 4 – 5 – 6 所示。

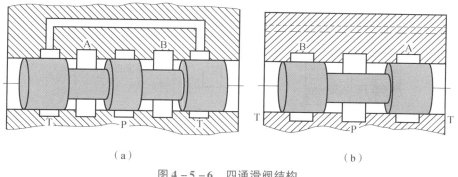

（a） （b）

图 4 - 5 - 6　四通滑阀结构

（a）五槽式；（b）三槽式

1. 换向阀的工作原理

图 4 - 5 - 7 所示为换向阀的工作原理图。在如图 4 - 5 - 7 所示状态下，液压缸两腔不通压力油，活塞处于停止状态。若使阀芯 1 左移，阀体 2 的油口 P 和 A 连通、B 和 T 连通，则压力油经 P、A 进入液压缸左腔，右腔油液经 B、T 流回油箱，活塞向右运动；反之，若使阀芯右移，则油口 P 和 B 连通、A 和 T 连通，活塞向左运动。

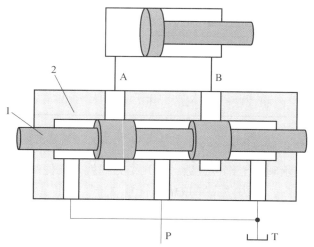

图 4 - 5 - 7　换向阀的工作原理

1—阀芯；2—阀体

换向阀滑阀的工作位置数称为"位"，与液压系统中油路相连通的油口数称为"通"。常用换向阀的结构原理和图形符号见表 4 - 5 - 2。

表 4 - 5 - 2　常用换向阀的结构原理和图形符号

名称	原理图	图形符号	适用场合
二位二通阀			控制油路的接通与切断（相当于一个开关）

名称	原理图	图形符号	适用场合
二位三通阀		AB〈符号〉P	控制液流方向（从一个方向变换成另一个方向）
二位四通阀		AB〈符号〉PT	不能使执行元件在任一位置上停止运动
三位四通阀		AB〈符号〉PT	能使执行元件在任一位置上停止运动
二位五通阀		AB〈符号〉$T_1 P T_2$	不能使执行元件在任一位置上停止运动
三位五通阀	T_1 A P B T_2	AB〈符号〉$T_1 P T_2$	能使执行元件在任一位置上停止运动

说明：中间两行"控制执行元件换向"，右侧"执行元件正反向运动时回油方式相同"（四通阀），"执行元件正反向运动时可以得到不同的回油方式"（五通阀）。

2. 换向阀图形符号的规定和含义

（1）用方框数表示阀的工作位置数，有几个方框就是几位阀。

（2）在一个方框内，箭头"↑"或堵塞符号"⊤"或"⊥"与方框相交的点数就是通路数，有几个交点就是几通阀，箭头"↑"表示阀芯处在这一位置时两油口相通，但不表示流向，"⊤"或"⊥"表示此油口被阀芯封闭（堵塞）不通流。

（3）三位阀中间的方框和二位阀靠近弹簧的方框为阀的常态位置（即未施加控制号以前的原始位置）。在液压系统原理图中，换向阀的图形符号与油路的连接，一般应画在常态位置上。工作位置应符合"左位"画在常态位的左面、"右位"画在常态位右面的规定，同时在常态位上应标出油口的代号。

（4）控制方式和复位弹簧的符号画在方框的两侧。

3. 三位四通换向阀的中位机能

换向阀处于常态位置时，各油口的连通关系称为滑阀机能。三位换向阀的常态为中位，因此，三位换向阀的滑阀机能又称为中位机能。不同机能的三位阀，阀体通用，仅阀芯台肩结构、尺寸及内部通孔情况有区别。常用三位四通换向阀的中位机能见表4-5-3。

表 4 - 5 - 3　常用三位四通换向阀的中位机能

型式	结构简图	图形符号	中位油口状况、特点及应用
O 型			各油口全封闭，换向精度高，但有冲击，缸被锁紧，泵不卸荷，并联缸可运动
H 型			各油口全通；换向平稳，缸浮动，泵卸荷
Y 型			P 口封闭，A、B、T 口相通；换向较平稳，缸浮动，泵不卸荷，并联缸可运动
M 型			P、T 口相通，A 与 B 口均封闭；缸被锁紧，泵卸荷，换向精度高
P 型			P、A、B 口相通，T 口封闭；换向最平稳，双杆缸浮动，单杆缸差动，泵不卸荷，并联缸可运动

4. 几种常用的换向阀

（1）手动换向阀。

手动换向阀是用手动杆操纵阀芯换位的换向阀，分弹簧自动复位和弹簧钢珠定位两种。图 4 - 5 - 8 所示为自动复位式手动换向阀。放开手柄 3，阀芯 2 在弹簧 1 的作用下自动回复中位，该阀适用于动作频繁、工作持续时间短的场合，操作比较完全，常用于工程机械的液压传动系统中。

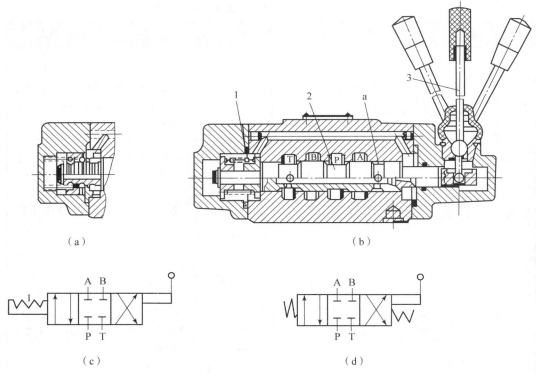

图 4 – 5 – 8　三位四通手动换向阀

（a）弹簧钢球定位式；（b）弹簧自动复位式；（c）弹簧钢球定位式职能符号；（d）弹簧自动复位式职能符号

1—弹簧；2—柄芯；3—手柄

（2）机动换向阀。

机动换向阀又称行程换向阀，它利用安装在运动部件上的挡块或凸块推压阀芯，端部滚轮使阀芯移动，从而使油路换向。常用的有二位二通（常闭和常通）、二位三通、二位四通和二位五通等多种。图 4 – 5 – 9（a）所示为二位二通常闭式机动换向阀。在图 4 – 5 – 9 所示状态下，阀芯 3 被弹簧 4 顶向上端，油口 P 和 A 不通。当挡铁压下滚轮 1 经推杆 2 使阀芯 3 移到下端时，油口 P 和 A 连通。图 4 – 5 – 9（b）所示为其职能符号。

（3）电磁换向阀。

电磁换向阀简称电磁阀，利用电磁铁的通电吸合与断电释放而直接推动阀芯来控制液流方向。它是电气系统和液压系统之间的信号转换元件，操纵方便、布局灵活，有利于提高自动化程度，因此应用最广泛。当然必须指出，由于电磁铁的吸力有限（120 N），因此电磁换向阀只适用于流量不太大的场合。

图 4 – 5 – 10 所示为二位二通电磁换向阀。

（4）液动换向阀。

液动换向阀是利用控制油路的压力油来改变阀芯位置的换向阀，广泛用于大流量（阀的通径大于 10 mm）的控制回路中。

三位四通液动换向阀如图 4 – 5 – 11 所示。

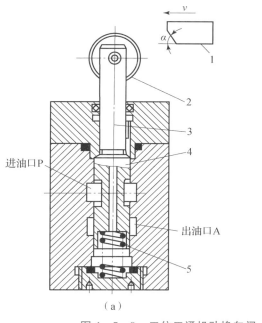

图 4 - 5 - 9 二位二通机动换向阀

（a）结构原理；（b）图形符号

1—挡铁；2—滚轮；3—阀杆；4—阀芯；5—弹簧

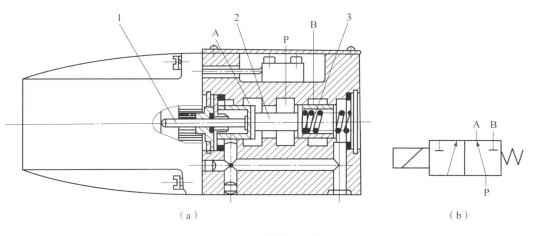

图 4 - 5 - 10 二位二通电磁换向阀

（a）结构原理；（b）图形符号

1—推杆；2—阀芯；3—弹簧

（5）电液换向阀。

电液换向阀由电磁换向阀和液动换向阀组合而成。电磁换向阀为先导阀，它用来改变控制油路的方向；液动换向阀为主阀，它用来改变主油路的方向。这种阀的优点是用反应灵敏的小规格电磁阀方便地控制大流量的液动阀换向。

三位四通电液换向阀如图 4 - 5 - 12 所示。

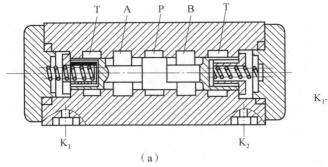

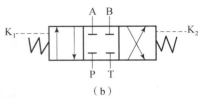

（a） （b）

图 4-5-11 三位四通液动换向阀

（a）结构原理；（b）职能符号

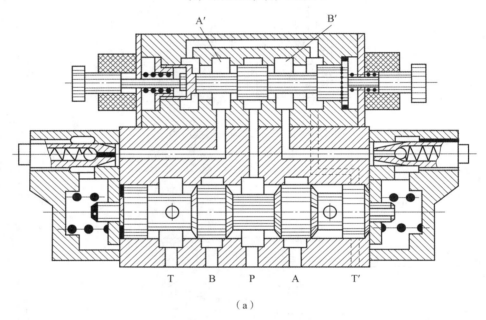

（a）

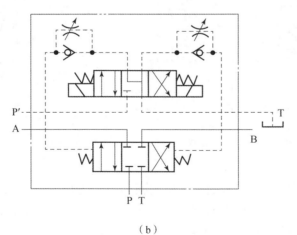

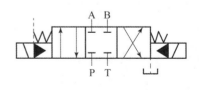

（b） （c）

图 4-5-12 三位四通电液换向阀

（a）结构原理；（b）职能符号；（c）简化职能符号

三、方向控制回路

换向回路用于控制液压系统中的液流方向，从而改变执行元件的运动方向。运动部件的换向，一般可采用各种换向阀来实现。在容积调速的闭式回路中，也可以利用双向变量泵控制油流的方向来实现液压缸（或液压马达）的换向。方向控制回路有换向回路和锁紧回路。

1. 换向阀组成的换向回路

（1）电磁换向阀组成的换向回路。

依靠重力或弹簧返回的单作用液压缸可以采用二位三通换向阀进行换向，如图4－5－13所示。双作用液压缸一般均可采用二位四通（或五通）及三位四通（或五通）换向阀来进行换向。

图4－5－14所示为采用三位四通电磁换向阀的换向回路，当YA1通电、YA2断电时，换向阀处于左位工作，液压缸左腔进油，液压缸右腔的油流回油箱，活塞向右移动；当YA1断电、YA2通电时，换向阀处于右位工作，液压缸右腔进油，液压缸左腔的油流回油箱，活塞向左移动；当YA1和YA2都断电时，换向阀处于中位工作，活塞停止运动。

电磁换向阀组成的换向回路操作方便，易于实现自动化。但换向时间短，故换向冲击大，适用于小流量、平稳性要求不高的场合。

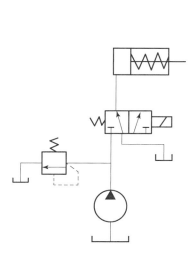

图4－5－13　二位三通换向阀的换向回路

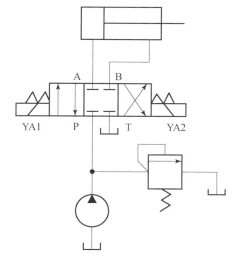

图4－5－14　三位四通换向阀的换向回路

（2）液动换向阀组成的换向回路。

在机床夹具、油压机和起重机等不需要自动换向的场合，常常采用手动换向阀来进行换向。

图4－5－15所示为手动转阀控制液动换向阀的换向回路。回路中用辅助泵2提供低压控制油，通过手动先导阀3来控制液动换向阀4的阀芯移动，实现主油路的换向。当手动先导阀3在右位时，控制油进入液动换向阀4的左端，右端的油液经转阀回油

箱，使液动换向阀4左位接入气缸上腔，活塞下移；当手动先导阀3切换至左位时，即控制油使液动换向阀4换向，活塞向上退回；当手动先导阀3在中位时，液动换向阀4两端的控制油通油箱，在弹簧作用力的作用下，其阀芯回到中位，主泵1卸荷。这种换向回路常用于大型油压机上。

2. 双向变量泵换向回路

图4-5-16所示为双向变量泵换向回路，这种换向回路比普通换向阀换向平稳，多用于大功率的液压系统中，如龙门刨床、拉床等液压系统。

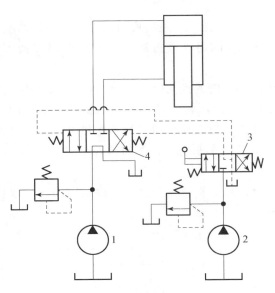

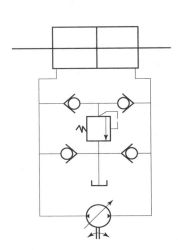

图4-5-15　手动转阀控制液动换向阀的换向回路　　　　图4-5-16　双向变量泵换向回路

1—主泵；2—辅助泵；3—手动先导阀；4—液动换向阀

四、锁紧回路

锁紧回路的作用是使执行元件能在任意位置上停留，以及在停止工作时防止在受力的情况下发生移动，其锁紧精度较高。

采用O型换向阀的锁紧回路（见图4-5-17），由于滑阀式换向阀不可避免地存在泄漏，密封性能较差，锁紧效果差，故只适用于短时间的锁紧或锁紧程度要求不高的场合。

图4-5-18所示为采用液控单向阀的锁紧回路。在液压缸的进、回油路中都串接液控单向阀，活塞可以在行程的任何位置锁紧，其锁紧精度只受液压缸内少量的内泄漏影响。因此，锁紧精度较高。采用液控单向阀的锁紧回路，换向阀的中位机能应使液控单向阀的控制油液卸压（换向阀采用H型或Y型机能），此时，液控单向阀便立即关闭，活塞停止运动。假如应用O型机能，则在换向阀中位时，由于液控单向阀的控制腔压力油被封闭而不能使其立即关闭，直至由换向阀的内泄漏使控制腔卸压后，液控单向阀才能关闭，故会影响其锁紧精度。

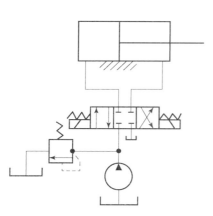

图 4 – 5 – 17　采用 O 型换向阀的锁紧回路

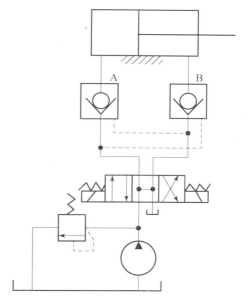

图 4 – 5 – 18　采用液控单向阀的锁紧回路

 任务实施

一、计划与决策

根据任务要求，组员讨论并制订工作计划，填在表 4 – 5 – 4 中。

> 提示：
> 充分考虑设计液动回路图、回路仿真、安装接线和运行调试等环节。

表 4 – 5 – 4　工作计划

序号	内容	负责人	完成时间

二、实施

按决策的内容实施设计、安装与调试工作，绘制液动回路图，填写数据。注重操作规范与工作效率。

（1）利用 FluidSIM 软件设计气动主回路图，并仿真调试。

（2）在表4-5-5中列出回路元件清单。

表4-5-5 回路元件清单

序号	元件符号	元件名称

（3）元件的确定。

根据设计回路选择相应元件，并填入表4-5-6中。

表4-5-6 元件确定

序号	元件	数量	说明

（4）安装与调试。

按设计回路图实施安装与调试工作，并将数据等参数填在表4-5-7中。注重操作规范与工作效率。

表 4 - 5 - 7　安装与调试数据

实施步骤	完成情况	负责人	完成时间

实施反馈：记录小组实施中出现的异常情况以及解决措施。

（5）考核评价。

考核评价表见表 4 - 5 - 8。

表 4 - 5 - 8　考核评价表

评价内容	序号	主要内容	评分标准					
			考核要求	评分细则	配分	扣分	得分	备注
职业素养与操作规范（20分）	1	工作前准备	①清点工具、仪表、元件并摆放整齐。②穿戴好劳动防护用品	①工作前，未检查电源、仪表及清点工具、元件，扣2分。②工具、仪表等摆放不整齐，扣3分。③未穿戴好劳动防护用品，扣5分	10			出现明显失误，造成安全事故；严重违反考场纪律，造成恶劣影响的本次测试记0分

评分标准								
评价内容	序号	主要内容	考核要求	评分细则	配分	扣分	得分	备注
职业素养与操作规范（20分）	2	"7S"规范	①操作过程中及作业完成后，保持工具、仪表等摆放整齐。②操作过程中无不文明行为，具有良好的职业操守。③独立完成考核内容，合理解决突发事件。④具有安全用电意识，操作符合规范要求。⑤作业完成后清理、核对仪表及工具数量，清扫工作现场	①操作过程中及作业完成后，工具等摆放不整齐，扣2分。②工作过程中出现违反安全规范的，扣5分。③作业完成后未清理、核对仪表及工具数量，未清扫工作现场，扣3分	10			出现明显失误，造成安全事故；严重违反考场纪律，造成恶劣影响的本次测试记0分
作品（80分）	3	绘制液压回路图	图形绘制正确，符号规范	不一致，一处扣5分	20			
	4	回路正确连接	元器件连接有序、正确，无明显泄漏现象	酌情打分	30			
	5	系统运行调试，进行油路分析	系统运行评分	酌情打分	20			
	6	团队协作	与他人合作有效	酌情打分	10			
合计分数								

四、总结

（1）本次任务新接触的内容描述。

（2）总结在任务实施中遇到的困难及解决措施。

（3）综合评价自己的得失，总结成长的经验和教训。

任务4.6　液压钻床液压回路的设计

教学目的

（1）掌握压力控制阀的功能和分类；
（2）掌握压力控制阀的工作原理；
（3）能对压力控制阀进行正确选用及维护；
（4）能够对压力控制回路进行连接、安装及运行。

任务引入

图4-6-1所示为液压钻床工作示意图，钻头的进给和工件的夹紧都是由液压系统来控制的。由于加工的工件不同，加工时所需的夹紧力也不同，所以工作时液压缸A的夹紧力必须能够固定在不同的压力值，同时为了保证安全，液压缸B必须在液压缸A夹紧力达到规定值时才能推动钻头进给。要达到这一要求，系统中应采用什么样的液压元件来控制这些动作呢？它们又是如何工作的呢？

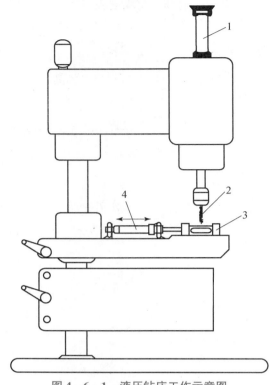

图 4 - 6 - 1　液压钻床工作示意图

1—液压缸 B；2—钻头；3—工件；4—液压缸 A

任务要求

（1）分析液压钻床功能，设计并画出系统回路图；

（2）在实训台上调试运行回路；

（3）动作顺序符合要求。

知识链接

一、溢流阀的工作原理及应用

溢流阀按其结构原理可分为直动式溢流阀和先导式溢流阀两类。直动式溢流阀用于低压系统，先导式溢流阀用于中、高压系统。

1. 直动式溢流阀

直动式溢流阀是依靠系统中的压力油直接作用在阀芯上与弹簧力相平衡，以控制阀芯的开闭动作，图 4 - 6 - 2（a）所示为直动式溢流阀的结构原理图。来自进油口 P 的压力油经阀芯上的径向孔和阻尼孔 a 通入阀芯底部，阀芯的下端便受到压力为 p 的油液的作用，若作用面积为 A，则压力油作用于该面积上的压力为 pA。调压弹簧作用在

阀芯上的预紧力为 F_s，当进油压力较小（$pA < F_s$）时，阀芯在弹簧力作用下往下移，并关闭回油口，没有油液流回油箱。随着进油压力的升高，当 $p = F_s$ 时，阀芯即将开启；当 $pA > F_s$ 时，弹簧被压缩，阀芯上移，油口 P 和 T 相通，溢流阀开始溢流。当溢流阀稳定工作时，若不考虑阀芯的自重摩擦力和液动力的影响，则使液压泵出口处压力保持 $p = F_s/A$。由于 F_s 变化不大，故可认为溢流阀进口处的压力 p 基本保持恒定，这使溢流阀起到定压溢流作用。旋转调压螺母可以改变弹簧的预紧压力，从而调节溢流阀的溢流压力。阻尼孔 a 的作用是增加液阻，以减小滑阀的振动。

直动式溢流阀结构简单，制造容易，成本低，但油液压力直接依靠弹簧平衡，所以压力稳定性较差，动作时有振动和噪声。此外，系统压力较高时，要求弹簧刚度大，不但手动调节困难，而且溢流阀口开度略有变化，便引起较大的压力变化。直动式溢流阀的最大调定压力为 2.5 MPa，所以直动式溢流阀只用于低压液压系统中。图 4 - 6 - 2（b）所示为直动式溢流阀的职能符号。

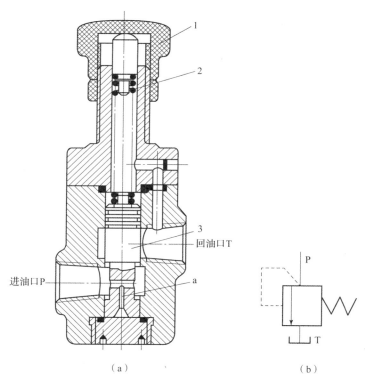

（a）　　　　　　　　　（b）

图 4 - 6 - 2　直动式溢流阀的结构原理图

（a）结构原理；（b）职能符号

1—调压螺母；2—弹簧；3—阀芯

2. 先导式溢流阀

先导式溢流阀由先导阀和主阀两部分组成，其结构原理图如图 4 - 6 - 3（a）所示，先导阀实际上是一个小流量的直动式溢流阀，阀芯是锥阀，用来控制压力；主阀阀芯是滑阀，用来控制液流流量。压力油经进油口 P、通道 a 进入主阀阀芯底部油腔 A，并经节流小孔 b 进入上部油腔，再经通道 c 进入先导阀右侧油腔，给锥阀阀芯以向左的

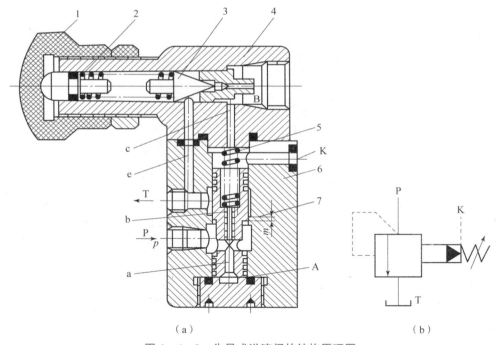

作用力，调压弹簧给锥阀以向右的弹簧力，此时远程控制口 K 不接通。当系统压力 p 较低时，先导阀关闭，主阀阀芯两端压力相等，主阀阀芯在平衡弹簧的作用下处于最下端，主阀溢流口封闭，没有溢流。当系统压力 p 升高时，主阀上腔的压力随之升高，直至作用于锥阀上的液压力大于调压弹簧的调定压力时，先导阀开启，油液经通道 e、回油口 T 流回油箱。由于阻尼孔壁 b 的作用，在主阀阀芯两端形成的一定压力差的作用下，当压力差超过主阀弹簧的作用力并克服主阀阀芯自重和摩擦力时，主阀阀芯向上移动，主阀溢流阀口开启，P 和 T 接通实现溢流。旋转调压螺母可调节调压弹簧的预压缩量，从而调节系统压力。

在先导式溢流阀中，先导阀用于控制和调节溢流压力，主阀通过溢流口的开闭而稳定压力。主阀阀芯因两端均受油液压力作用，平衡弹簧只需很小的刚度，当溢流量变化而引起主阀平衡弹簧压缩量变化时，溢流阀所控制的压力变化也较小，故先导式溢流阀的稳定性能优于直动式溢流阀。但先导式溢流阀必须在先导阀和主阀都动作后才能起到控制压力的作用，因此它不如直动式溢流阀反应快。远程控制口 K 在一般情况下是不用的，若 K 口接远程调压阀就可以对主阀进行远程控制，但是，远程调压阀所能调节的最高压力不得超过溢流阀本身先导阀的调定压力，当远程控制口 K 通过二位二通阀接通油箱时，可使泵卸荷。图 4 - 6 - 3（b）所示为先导式溢流阀的职能符号。

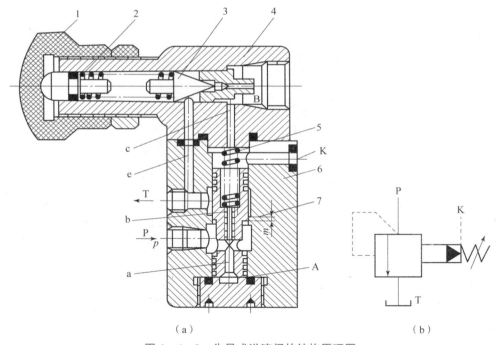

图 4 - 6 - 3　先导式溢流阀的结构原理图

（a）结构原理；（b）职能符号

1—调压螺母；2—调压弹簧；3—锥阀阀芯；4—先导阀；5—主阀弹簧；6—主阀；7—主阀阀芯

3. 溢流阀的功能

根据溢流阀在液压系统中所起的作用，溢流阀可作溢流、安全、卸荷远程调压和背压阀使用。

（1）作溢流阀用，如图 4 – 6 – 4（a）所示的溢流阀 1，在用定量泵供油的节流调速回路中，当泵的流量大于节流阀允许通过的流量时，溢流阀使多余的油液流回油箱，此时泵的出口压力保持恒定。

（2）作安全阀用，如图 4 – 6 – 4（b）所示，在由变量泵组成的液压系统中，用溢流阀限制系统的最高压力，防止系统过载，系统在正常工作状态下溢流阀关闭，当系统过载时，溢流阀打开，使压力油经溢流阀流回油箱，此时溢流阀为安全阀。

（3）作卸荷阀用，如图 4 – 6 – 4（c）所示，在溢流阀的遥控口串接溢小流量的电磁阀，当电磁铁通电时，溢流阀的遥控口通油箱，液压泵处于卸荷状态，溢流阀此时作为卸荷阀使用。

（4）作背压阀用，如图 4 – 6 – 4（a）所示的溢流阀 2 接在回油路上，可对回油产生阻力，即形成背压，利用背压可提高执行元件的运动平稳性。

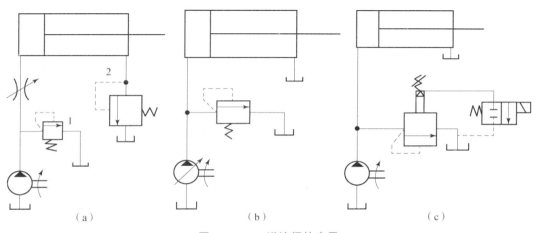

图 4 – 6 – 4　溢流阀的应用

1、2—溢流阀

4. 调压回路的工作原理

为使系统的压力与负载相适应，并保持稳定，或为了安全而限定系统的最高压力，都会用到调压回路。下面介绍三种调压回路。

（1）单级调压回路。

如图 4 – 6 – 5 所示，通过液压泵 1 和溢流阀 2 的并联连接，即可组成单级调压回路，通过调节溢流阀的压力，可以改变泵的输出压力。当溢流阀的调定压力确定后，液压泵就在溢流阀的调定压力下工作，从而实现对液压系统进行调压和稳压控制。如果将液压泵 1 改换为变量泵，则将使溢流阀作为安全阀来使用。液压泵的工作压力低于溢流阀的调定压力，这使溢流阀不工作。当系统出现故障，液压泵的工作压力上升时，一旦压力达到溢流阀的调定压力，溢流阀将开启，并将液压泵的工作压力限制在溢流阀的调定压力下，使液压系统不致因压力过载而受到破坏，从而保护了液压。

（2）双向调压回路。

执行元件的正反行程需不同的供油压力时，可采用双向调压回路。如图 4 – 6 – 6 所示，当换向阀在左位工作时，活塞杆伸出，泵出口由溢流阀 1 调定为较高压力，当右腔油液通过换向阀回到油箱时，溢流阀2此时不起作用。在换向阀在右位工作时，缸做空行程返回，泵出口由溢流阀2调定为较低压力，溢流阀1不起作用，在退到终点后，泵在压力的作用下回油，功率损耗小。

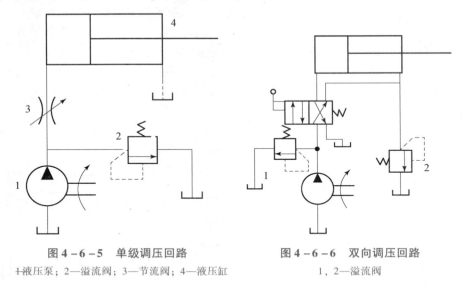

图4-6-5 单级调压回路
1—液压泵；2—溢流阀；3—节流阀；4—液压缸

图4-6-6 双向调压回路
1，2—溢流阀

（3）多级调压回路。

有些液压设备的液压系统需要在不同的工作阶段获得不同的压力。

图4-6-7（a）所示为二级调压回路，该回路可实现两种不同的系统压力控制。在如图4-6-7（a）所示状态，泵出口压力由溢流阀1调定为较高压力，当二位二通换向阀通电后，则由远程调压阀2调定为较低压力。调压阀2的调定压力必须小于溢流阀1的调定压力，否则不能实现二级调压。

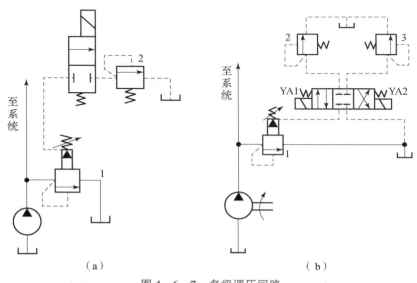

（a）　　　　　　　　　　　　　（b）

图4-6-7 多级调压回路
1，2，3—溢流阀

图 4-6-7（b）所示为三级调压回路，三级压力分别由溢流阀 1、2、3 调定，当电磁铁 YA1、YA2 失电时，系统压力由主溢流阀 1 调定；当 YA1 得电时，系统压力由溢流阀 2 调定；当 YA2 得电时，系统压力由溢流阀 3 调定。在这种调压回路中，溢流阀 2 和溢流阀 3 的调定压力要低于主溢流阀 1 的调定压力。

5. 卸荷回路

在液压系统工作中，有时执行元件短时间停止工作，不需要液压系统传递能量，或者执行元件在某段工作时间内保持一定的力，而运动速度极慢，甚至停止运动。在这种情况下，不需要液压泵输出油液或只需要很小流量的液压油，于是液压泵输出的压力油全部或绝大部分从溢流阀流回油箱，造成能量的无谓消耗，引起油液发热，使油液加快变质，而且还会影响系统的性能及泵的寿命。为此，常采用卸荷回路解决上述问题。

卸荷回路的功能为，在液压泵驱动电动机不进行频繁启动和关闭的情况下，使液压泵在功率输出接近于零的情况下运转，以减少功率损耗，降低系统发热，延长泵和电动机的寿命。因为液压泵的输出功率为其流量和压力的乘积，故当两者任一个近似为零时，功率损耗近似为零。故液压泵卸荷有流量卸荷和压力卸荷两种，前者主要是使用变量泵，使变量泵仅为补偿泄漏而以最小流量运转，此方法比较简单，但泵处在高压状态下运行，磨损比较严重；压力卸荷的方法是使泵在接近零压下运转，以减少功率损耗，降低系统发热，延长泵和电动机的寿命。

（1）换向阀卸荷回路。

①用三位换向阀中位机能的卸荷回路。用 M、H 和 K 型中位机能的三位换向阀处于中位时，使泵与油箱连通，实现卸荷。图 4-6-8 所示为采用 M 型中位机能的卸荷回路。其卸荷方法比较简单，但压力较高、流量较大时容易产生冲击，故适用于低压小流量液压系统。

②用二位二通阀的卸荷回路。图 4-6-9 所示为二位二通阀的卸荷回路。采用此方法时，卸荷回路必须使二位二通换向阀的流量与泵的额定输出流量相匹配。这种方法的卸荷效果较好，易于实现自动控制，一般用于液压泵的流量小于 63 L/min 的场合。

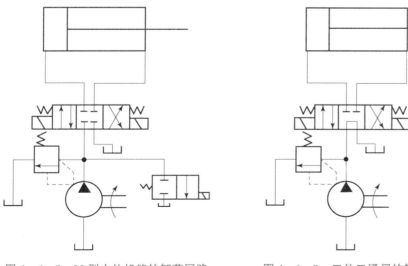

图 4-6-8　M 型中位机能的卸荷回路　　　　图 4-6-9　二位二通阀的卸荷回路

（2）用先导式溢流阀的远程控制口卸荷。

图4-6-10中使用先导式溢流阀的远程控制口直接与二位二通电磁阀相连，便构成了一种采用先导式溢流阀的卸荷回路。这种卸荷回路的卸荷压力小，切换时冲击也小。

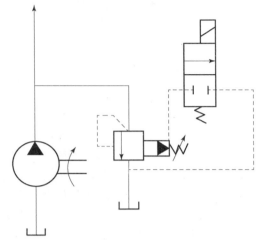

图4-6-10　先导式溢流阀的远程控制口卸荷回路

6. 保压回路

在液压系统中，液压缸在工作循环的某一阶段，若需要保持一定的工作压力，就应采用保压回路。在保压阶段，液压缸没有运动，其最简单的办法是用一个密封性能好的单向阀来保压。但是，阀类元件处的泄漏使得这种回路的保压时间不能维持太久。

（1）利用液压泵的保压回路。

如图4-6-11所示的回路，系统压力较低，低压大流量泵供油，当系统压力升高到卸荷阀的调定压力时，低压大流量泵卸荷，高压小流量泵供油保压，溢流阀调节压力。

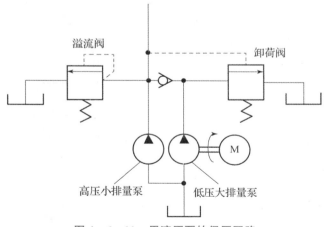

图4-6-11　用液压泵的保压回路

（2）利用蓄能器的保压回路。

如图4-6-12（a）所示，当换向阀处于左位工作时，液压缸向右运动，液压缸杆作用在工件上，系统压力持续升高，当系统压力达到压力继电器的设定压力值时，压力继电器发出信号，使二位二通阀打开，泵完成卸荷，单向阀自动关闭，单向阀以上的油路中压力保持不变，压力值由蓄能器维持；单向阀以下的部分，液压泵压力油全部通过先导溢流阀卸荷。

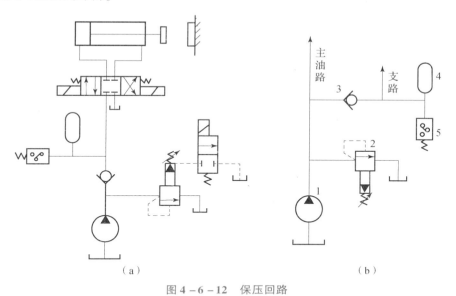

图 4 - 6 - 12　保压回路

1—液压泵；2—溢流阀；3—单向阀；4—蓄能器；5—压力继电器

图 4 - 6 - 12 (b) 所示为多缸系统中的保压回路，这种回路中当主油路压力降低时，单向阀 3 关闭支路，由蓄能器保压补偿泄漏，压力继电器 5 的作用是当支路压力达到预定值时发出信号，使主油路开始动作。

（3）自动补油保压回路。

图 4 - 6 - 13 所示为采用液控单向阀和电接触式压力表的自动补油式保压回路。其工作原理为，当 YA1 得电而换向阀又未接入回路，液压缸上腔压力上升至电接触式压力表的上限值时，上触点接电，使电磁铁 YA1 失电，换向阀处于中位，液压泵卸荷，液压缸由液控单向阀保压；当液压缸上腔压力下降到预定下限值时，接电接触式压力表又发出信号，使 YA1 得电，液压泵再次向系统供油，使压力上升；当压力达到上限值时，上触点又发出信号，使 YA1 失电。因此，这一回路能自动地使液压缸补充压力油，使其压力能长期保持在一定的范围内。

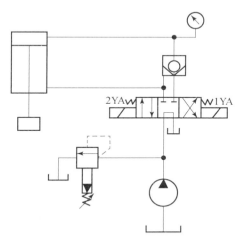

图 4 - 6 - 13　自动补油保压回路

二、减压阀工作原理及应用

减压阀主要用来降低液压系统中某一分支油路的压力，使之低于液压泵的供油压力，以满足执行机构的需要，并保持基本恒定。减压阀也有直动式减压阀和先导式减压阀两类，其中先导式减压阀应用较多。

1. 减压阀的结构和工作原理

图 4-6-14（a）所示为先导式减压阀的结构原理，其结构与先导式溢流阀的结构相似，也是由先导阀和主阀两部分组成的。先导阀由调压螺母、调压弹簧、先导阀阀芯和阀座等组成，主阀由主阀阀芯、主阀阀体和阀盖等组成。

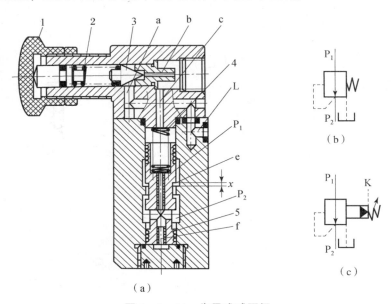

图 4-6-14　先导式减压阀

（a）结构原理；（b）一般职能符号；（c）先导式职能符号

1—调压螺母；2—调压弹簧；3—锥阀阀芯；4—主阀弹簧；5—主阀阀芯

油压为 p_1 的压力油由主阀进油口流入，经减压阀阀口 x 后由出油口流出，其压力为 p_2。

当出口压力 p_2 低于先导阀弹簧的调定压力时，先导阀关闭，主阀阀芯两端压力相等，在主阀弹簧力的作用下处于最下端位置，x 开度最大，不起减压作用。

当出口压力 p_2 高于先导阀弹簧的调定压力时，先导阀开启，此时 P_2 腔的部分压力油经孔 e、c、b 及先导阀阀口、孔 a 和卸油口 L 流回油箱。由于阻尼孔 e 的作用，主阀阀芯上腔的压力 p_3 将小于下腔的压力 p_2，主阀阀芯便在此压力差的作用下克服平衡弹簧的弹力上移，减压阀阀口减小，p_2 下降，直到此压差与阀芯作用面积的乘积和主阀阀芯上的弹簧力相等时，主阀阀芯处于平衡状态。此时减压阀保持一定开度，出口压力 p_2 稳定在调压弹簧所调定的压力值上。

如果由于外来干扰使进口压力 p_1 升高，则出口压力 p_2 也升高，主阀阀芯向上移动，主阀开口减小，p_2 又降低，在新的位置上取得平衡，而出口压力基本维持不变，反之亦然。这样，减压阀能利用出口压力的反馈作用，自动控制阀口开度，保证出口压力基本上为弹簧调定压力，因此这种减压阀也称为定值减压阀。图 4-6-14（b）所示为直动式减压阀的图形符号，也是减压阀的一般符号。图 4-6-14（c）所示为先导式减压阀的图形符号。

将先导式减压阀和先导式溢流阀进行比较，其主要区别有以下几点：

（1）减压阀保持出口处压力基本不变，而溢流阀保持进口处压力基本不变。

（2）在不工作时，减压阀进、出油口互通，而溢流阀进、出油口不通。

（3）为保证减压阀出口压力调定值恒定，它的导阀弹簧腔需通过泄油口单独外接油箱。

2. 减压阀的应用

定压减压阀的功用是减压、稳压。图 4－6－15 所示为减压阀用于夹紧油路的原理图。减压阀还用于将同一油源的液压系统构成不同压力的油路，如控制油路、润滑油路等。为使减压油路正常工作，减压阀最低调定压力应大于 0.5 MPa，最高调定压力至少应比主油路系统的供油压力低 0.5 MPa。

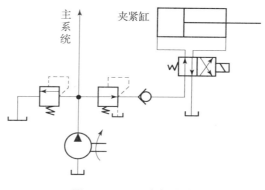

图 4－6－15　夹紧油路

3. 减压回路

当泵的输出压力是高压而局部回路或支路要求低压时，可以采用减压回路，如机床液压系统中的定位、夹紧、分度回路，以及液压元件的控制油路等，它们往往要求比主油路的压力要低。

（1）单向减压阀回路。

如图 4－6－16（a）所示，回路中单向阀的作用是当主油路压力降低到小于减压阀调定压力时，防止油液倒流，起到短时保压的作用。

（2）二级减压回路。

图 4－6－16（b）所示为由减压阀和远程调压阀组成的二级减压回路。在图 4－6－16 所示工作状态下，夹紧压力由阀 1 调定；当二通阀通电后，夹紧压力则由远程调压阀 2 决定，故此回路为二级减压回路。若系统只需一级减压，则可取消二通阀与调压阀 2，堵塞阀 1 的外控口。若取消二通阀，则调压阀 2 用直动式比例溢流阀取代，根据输入信号的变化便可获得无极或多极的稳定低压。

为了使减压回路工作可靠，减压阀的最低调定压力应不小于 0.5 MPa，最高调定压力至少应比系统压力小 0.5 MPa。当减压回路中的执行元件需要调速时，调速元件应放在减压阀的后面，以避免减压阀泄漏对执行元件的速度产生影响。

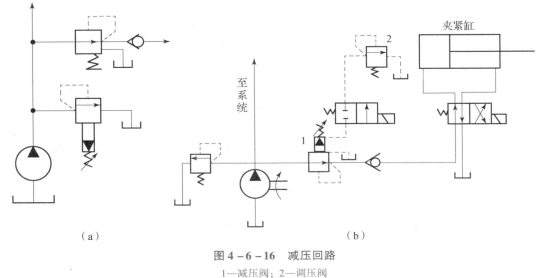

（a）   （b）

图 4 - 6 - 16   减压回路

1—减压阀；2—调压阀

三、顺序阀

顺序阀是利用系统压力变化来控制油路的通断，以实现各执行元件按先后顺序动作的压力阀。

1. 顺序阀的结构和工作原理

直动式顺序阀的结构如图 4 - 6 - 17 所示，其结构与工作原理都和直动式溢流阀相似。直动式顺序阀由下盖、控制活塞、阀体、阀芯、弹簧和上盖等组成，当进油口压力较低时，阀芯在弹簧力的作用下处于下端位置，进油口 P_1 和出油口 P_2 不相通；当作用于阀芯下端油液的压力大于弹簧的预紧力时，阀芯向上移动，阀口打开，进油口 P_1 和出油口 P_2 相通，油液便经阀口从出油口流出，从而控制另一执行原件和其他元件动作。因顺序阀利用其进口压力控制，故称为普通顺序阀。

2. 顺序阀的应用

图 4 - 6 - 18 所示为机床夹具上用顺序阀实现的工件先定位后夹紧的顺序动作回路。当换向阀右位工作时，压力油首先进入定位缸下腔，完成定位动作以后，系统压力升高，达到顺序阀调定压力时，顺序阀打开，压力油经顺序阀进入压紧缸的下腔，使活塞向上运动，实现压紧。当换向阀左位工作时，压力油同时进入定位缸和夹紧缸上腔，拔出定位销，松开工件夹紧缸，通过单向阀回油。此外，顺序阀还用作卸荷阀、平衡阀和背压阀。

四、压力继电器

压力继电器是一种将油液的压力信号转换成电信号的电液控制元件，当油液压力达到压力继电器的调定压力时，即发出电信号，控制电磁铁、电磁离合器、继电器等元件动作，使油路卸压、换向及执行元件实现顺序动作，或关闭电动机，使系统停止工作，起到安全保护的作用等，如图 4 - 6 - 19 所示。

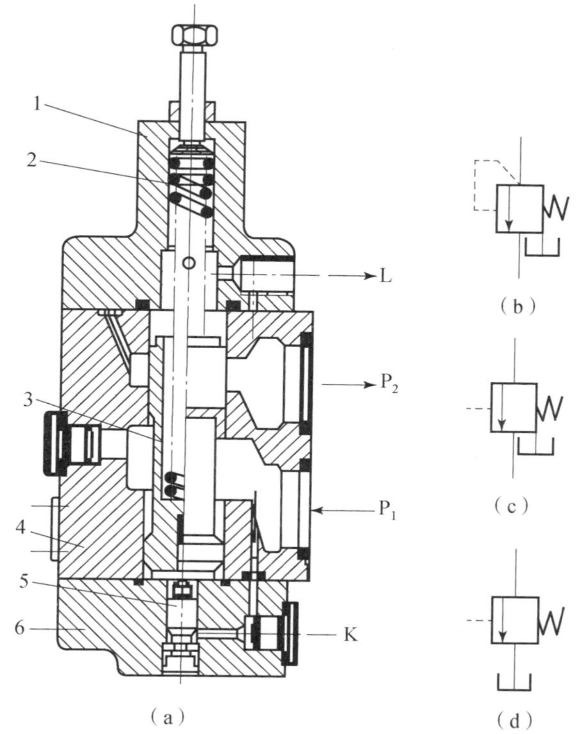

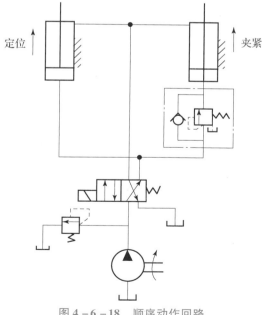

图 4－6－17　顺序阀

（a）结构原理；（b）内控外泄式职能符号；（c）外控外泄式职能符号；（d）外控内泄式职能符号

1—上盖；2—弹簧；3—阀芯；4—阀体；5—控制活塞；6—下盖

图 4－6－18　顺序动作回路

学习笔记

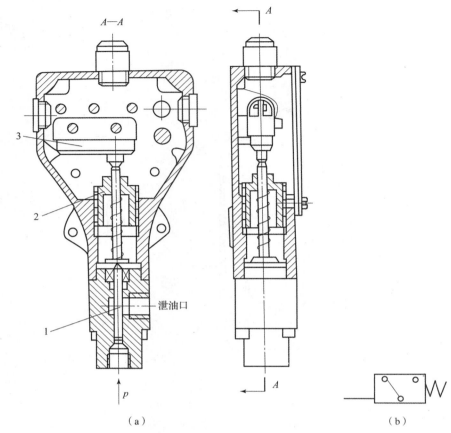

图 4 - 6 - 19 压力继电器

（a）结构原理；（b）职能符号

1—柱塞；2—调节螺母；3—电气微动开关

任务实施

一、计划与决策

根据任务要求，组员讨论并制订工作计划，填在表 4 - 6 - 1 中。

> 提示：
> 充分考虑设计液动回路图、回路仿真、安装接线和运行调试等环节。

表 4 - 6 - 1 工作计划

序号	内容	负责人	完成时间

序号	内容	负责人	完成时间

二、实施

按决策的内容实施设计、安装与调试工作，绘制液动回路图，填写数据。注重操作规范与工作效率。

（1）利用 FluidSIM 软件设计气动主回路图，并仿真调试。

（2）在表 4 – 6 – 2 中列出回路元件清单。

表 4 – 6 – 2　回路元件清单

序号	元件符号	元件名称

（3）元件的确定。

根据设计回路选择相应元件，并填入表 4 – 6 – 3 中。

表4－6－3　元件确定

序号	元件	数量	说明

（4）安装与调试。

按设计回路图实施安装与调试工作，并将数据等参数填在表4－6－4中。注重操作规范与工作效率。

表4－6－4　安装与调试数据

实施步骤	完成情况	负责人	完成时间

实施反馈：记录小组实施中出现的异常情况以及解决措施。

（5）考核评价。

考核评价表见表4－6－5。

表 4 - 6 - 5　考核评价表

评价内容	序号	主要内容	考核要求	评分细则	配分	扣分	得分	备注
				评分标准				
职业素养与操作规范（20分）	1	工作前准备	①清点工具、仪表、元件并摆放整齐。②穿戴好劳动防护用品	①工作前，未检查电源、仪表及清点工具、元件，扣2分。②工具、仪表等摆放不整齐，扣3分。③未穿戴好劳动防护用品，扣5分	10			出现明显失误，造成安全事故；严重违反考场纪律，造成恶劣影响的本次测试记0分
	2	"7S"规范	①操作过程中及作业完成后，保持工具、仪表等摆放整齐。②操作过程中无不文明行为，具有良好的职业操守。③独立完成考核内容，合理解决突发事件。④具有安全用电意识，操作符合规范要求。⑤作业完成后清理、核对仪表及工具数量，清扫工作现场	①操作过程中及作业完成后，工具等摆放不整齐，扣2分。②工作过程中出现违反安全规范的，扣5分。③作业完成后未清理、核对仪表及工具数量，未清扫工作现场，扣3分	10			
作品（80分）	3	绘制液压回路图	图形绘制正确，符号规范	不一致，一处扣5分	20			
	4	回路正确连接	元器件连接有序正确，无明显泄漏现象	酌情打分	30			
	5	系统运行调试，进行油路分析	系统运行评分	酌情打分	20			
	6	团队协作	与他人合作有效	酌情打分	10			
合计分数								

三、总结

（1）本次任务新接触的内容描述。

（2）总结在任务实施中遇到的困难及解决措施。

（3）综合评价自己的得失，总结成长的经验和教训。

 **任务4.7　注塑机启闭模速度控制**

教学目的

（1）掌握流量控制阀的功能和分类；
（2）掌握流量控制阀的工作原理；
（3）能对流量控制阀进行正确选用及维护；
（4）能够对速度控制回路进行连接、安装及运行。

任务引入

如图 4 - 7 - 1 所示，注塑机的工作过程是将颗粒状的塑料加热成熔融状，用注射装置快速高压注入模腔，保压冷却成型。其工作过程就包括闭模、注射、保压、启模和顶出等过程，要求快速实现启模和合模动作，且具有可调节的合模和开模速度，还要能够实现注射等工作。这就存在快慢速回路换接问题，如何保证快慢速换接平稳？该如何选择速度控制元件呢？这些元件又是通过什么方式来控制液压缸的速度的呢？

图 4 - 7 - 1　注塑机

任务要求

（1）分析注塑机的工作过程，设计并画出系统回路图；
（2）在实训台上调试运行回路；
（3）动作顺序符合要求。

知识链接

流量控制阀是通过改变阀口通流面积来调节阀口流量，从而控制执行元件运动速度的液压控制阀的。常用的流量阀有节流阀和调速阀两种。

一、节流阀

节流阀是通过改变节流截面或节流长度以控制流体流量的阀门。

图4-7-2所示为一种截流阀的结构和图形符号。这种节流阀采用的是轴向三角槽式节流口压力油从进油口 P_1 流入孔道 B 和阀芯 1 下端的三角槽而进入孔道 a，再从油口 P_2 流出，调节手轮 3 可通过推杆 2 使阀芯 1 做轴向移动，进而改变节流口的过流断面积以调节流量。

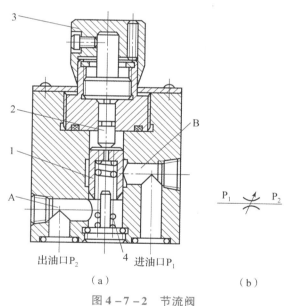

（a） （b）

图4-7-2　节流阀
（a）节流阀结构图；（b）职能符号
1—阀芯；2—推杆；3—手轮；4—弹簧

速度控制回路是研究液压系统的速度调节和变换问题，常用的速度控制回路有调速回路、快速回路和速度换接回路等。

二、调速阀

调速阀是由定差减压阀和节流阀串联组合而成的，其用定差减压阀来保证可调节流阀前后的压力差不受负载变化的影响，从而使通过节流阀的流量保持稳定。

图 4－7－3 所示为调速阀工作原理，压力油液 p_1 经节流减压后，以压力 p_2 进入节流阀，然后以压力 p_3 进入液压缸左腔，推动活塞以速度 v 向右运动，节流阀前后的压力差为 $\Delta p = p_2 - p_3$，减压阀阀芯上端的油腔 b 经通道 a 与节流阀出油口相通，其油液压力为 p_3，其肩部油腔 c 与下端油腔 d 经通道 f 和 e 与节流阀进油口相通，油液压力为 p_2，当作用于液压缸的负载 F 增大时，压力 p_3 也增大，作用于减压阀阀芯上端的油液压力也随之增大，使阀芯下移，减压阀进油口处的开口加大，压力降减小，因而使减压阀出口处压力 p_2 增大，故而保持了节流阀前后的压力差 $\Delta p = p_2 - p_3$ 基本不变；当负载 F 减小时，压力 p_3 减小，减压阀阀芯上端油腔的压力减小，阀芯在油腔 c 和 d 中压力油的作用下上移，使减压阀进油口处开口减小，压力降增大，因而使 p_2 随之减小，结果仍保持节流阀的前后压力差 $\Delta p = p_2 - p_3$ 基本不变。

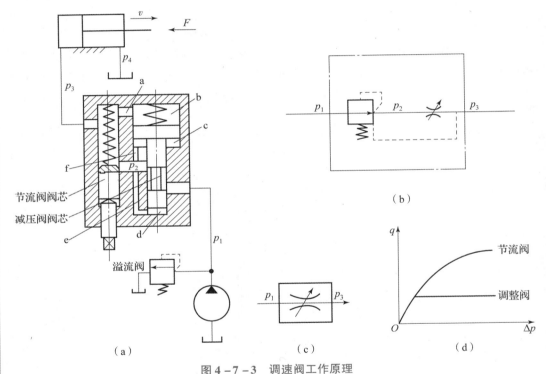

图 4－7－3　调速阀工作原理

（a）工作原理；（b）职能符号；（c）简化职能符号；（d）特征曲线

因为减压阀阀芯上端油腔 b 的有效作用面积 a 与下端油腔 c 和 d 的有效作用面积相等，所以在稳定工作时，不计阀芯的自重及摩擦力的影响，减压阀阀芯上的方程为

$$p_2 A = p_3 A + F_{簧}$$

式中：p_2——节流阀前的油液压力（Pa）；

　　　p_3——节流阀后的油液压力（Pa）；

　　　$F_{簧}$——减压阀弹簧的作用力（N）；

　　　A——减压阀大端的有效作用面积（m^2）。

因为减压阀阀芯弹簧很软，故当阀芯上下移动时，其弹簧作用力 $F_{簧}$ 变化不大，所以节流阀前后的压力差 $\Delta p = p_2 - p_3$ 基本不变，为一个常量。也就是说，当负载变化时，通过调速阀的油液流量基本不变，液压系统执行元件的运动速度保持稳定。

三、速度控制回路

速度控制回路的功用是使执行元件获得能满足工作需求的运动速度，包括调速回路、快速回路和速度换接回路等。

1. 调速回路

液压系统的调速方法可分为节流调速、容积调速和容积节流调速三种形式。

（1）节流调速回路。

由定量泵供油，用流量阀调节进入或流出执行机构的流量来实现调速。根据流量阀在回路中的位置不同，可分为进油路节流调速回路、回油路节流调速回路和旁油路节流调速回路三种。

①进油路节流调速回路。

在执行机构的进油路上串联一个流量阀，即构成进油路节流调速回路。图 4 - 7 - 4（a）所示为采用节流阀的进油节流调速回路，泵的供油压力由溢流阀调定，调节节流阀的开口，改变进入液压缸的流量，即可调节缸的速度。泵多余的流量经溢流阀回油箱，故无溢流阀则不能调速。

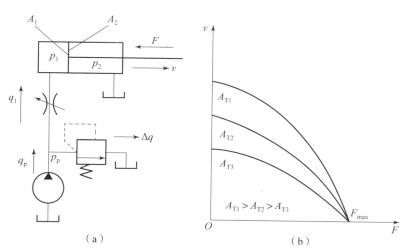

（a）　　　　　　　　　　　（b）

图 4 - 7 - 4　进油路节流调速回路

(a) 工作原理；(b) 速度负载特性曲线

速度负载特性：缸在稳定工作时，活塞受力平衡方程式为

$$p_1 A_1 = F + p_2 A_2$$

液压缸的速度为

$$v = \frac{q_1}{A_1} = \frac{KA}{A_1}\left(p_{\text{p}} - \frac{F}{A_1}\right)^m$$

如图 4 - 7 - 4（b）所示，速度负载特性曲线表明速度随负载变化的规律，曲线越陡，说明负载变化对速度的影响越大，即速度刚度越低。当节流阀通流面积不变时，轻载区域比重载区域的速度刚度高；在相同负载下工作时，节流阀通流面积小的比大

的速度刚度高，即速度低时速度刚度高。

特点：在工作中液压泵输出流量和供油压力不变，而选择液压泵的流量必须按执行元件的最高速度和负载情况下所需压力考虑，因此泵输出功率较大。但液压缸的速度和负载常常是变化的。当系统以低速轻载工作时，有效功率很小，相当大的功率损失消耗在节流损失和溢流损失，功率损失转换为热能，使油温升高。

由于节流阀安装在执行元件的进油路上，故回油路无背压，负载消失，工作部件会产生前冲现象，也不能承受负值负载。这种回路多用于轻载、低速、负载变化不大和对速度稳定性要求不高的小功率液压系统，如车床、镗床、钻床、组合机床等机床的进给运动和辅助运动。

②回油路节流调速回路。

在执行机构的回油路上串联一个流量阀，即构成回油路节流调速回路。图 4 - 7 - 5 所示为采用节流阀的回油节流调速回路。调节节流阀的开口，改变液压缸的回油流量，即可调节缸的速度。

回油节流调速回路的速度—负载特性方程为

$$v = \frac{q_2}{A_2} = \frac{KA}{A_2}\left(\frac{p_1 A_1 - F}{A_2}\right)^m$$

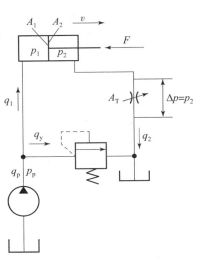

图 4 - 7 - 5　回油节流调速回路

进油路和回油路节流调速的速度负载特性公式形式相似，功率特性相同，但它们在承受负值负载的能力、运动平稳性、油液发热对回路的影响、停车后的启动性能等方面的性能有明显差别。

综上所述，进油路、回油路节流调速回路结构简单，价格低廉，但效率较低，只宜用于负载变化不大、低速、小功率场合，如某些机床的进给系统中。实际应用中普遍采用进油路节流调速，并在回油路上加一背压阀，以提高运动平稳性。

③旁油路节流调速回路。

将流量阀安放在和执行元件并联的旁油路上，即构成旁油路节流调速回路。图 4 - 7 - 6 所示为采用节流阀的旁油路节流调速回路。节流阀调节了泵溢回油箱的流量，从而控制了进入缸的流量。调节节流阀开口，即实现了调速。由于溢流已由节流阀承担，故溢流阀用作安全阀，常态时关闭，过载时打开，其调定压力为回路最大工作压力的 1.1～1.2 倍。故液压泵的供油压力不再恒定，它与缸的工作压力相等，取决于负载。

旁路节流调速只有节流损失，而无溢流损失，因而功率损失比前两种调速回路小，效率高。这种调速回路一般用于功率较大且对速度稳定性要求不高的场合。

④采用调速阀的节流调速回路。

使用节流阀的节流调速回路，速度受负载变化的影响比较大，亦即速度负载特性比较软，变载荷下的运动平稳性比较差。为了克服这个缺点，回路中的节流阀可用调速阀来代替。由于调速阀本身能在负载变化的条件下保证节流阀进出油口间的压差基本不变，因而使用调速阀后，节流调速回路的速度负载特性将得到改善。

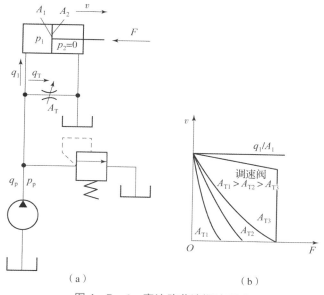

（a）   （b）

图 4 - 7 - 6　旁油路节流调速回路

采用调速阀的节流调速回路中虽然解决了速度稳定性问题，但由于调速阀中包含了减压阀和节流阀的损失，并且同样存在着溢流损失，故此回路的功率损失比节流阀调速回路还要大些。

（2）容积调速回路。

容积调速回路是通过改变回路中液压泵或液压马达的排量来实现调速的。其主要优点是功率损失小（没有溢流损失和节流损失）且其工作压力随负载变化，所以效率高、油的温度低，但低速稳定性较差，因此适用于高速、大功率系统。

根据液压泵和液压马达或液压缸的组合，不同容积调出回路可分为以下三种形式：

①变量泵—定量马达式（液压缸）组成的容积调速回路，如图 4 - 7 - 7（a）和图 4 - 7 - 7（b）所示。

②定量泵—变量马达式组成的容积调速回路，如图 4 - 7 - 7（c）所示。

③变量泵—变量马达式组成的容积调速回路，如图 4 - 7 - 7（d）所示。

（3）容积节流调速回路。

容积节流调速回路的工作原理是采用压力补偿型变量泵供油，用流量控制阀调定进入液压缸或由液压缸流出的流量来调节液压缸的运动速度，并使变量泵的输油量自动地与液压缸所需的流量相适应，如图 4 - 7 - 8 所示。

2. 快速运动回路

快速运动回路又称增速回路，其功能在于使执行元件获得必要的高速，以提高系统的工作效率或充分利用功率。

（1）差动连接快速运动回路。

图 4 - 7 - 9 所示为液压缸差动连接快速运动回路，当阀 1 和阀 3 在左位工作时，液压缸形成差动连接，实现快速运动；当阀 3 在右位工作时，差动连接即被切断，液压缸回油经过调速阀时工进，而阀 1 切换至右位工作时缸快速退回。

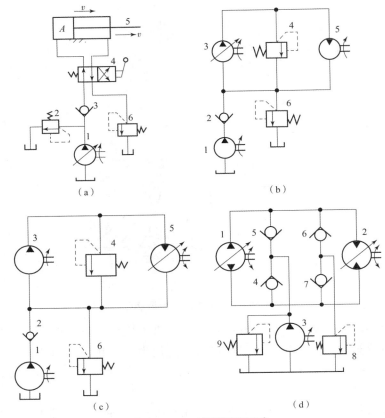

图4-7-7　容积调速回路

（a）变量泵—液压缸式：1—单向变量泵；2—溢流阀；3—单向阀；4—手动换向阀；5—液压缸；6—溢流阀；

（b）变量泵—定量马达式：1、3—单向变量泵；2—单向阀；4、6—溢流阀；5—单向定量马达；

（c）定量泵—变量马达式：1、3—单向变量泵；2—单向阀；4、6—溢流阀；5—单向变量马达；

（d）变量泵—变量马达式：1—双向变量泵；2—双向变量马达；3—单向定量泵；

4、5、6、7—单向阀；8—溢流阀；9—顺序阀

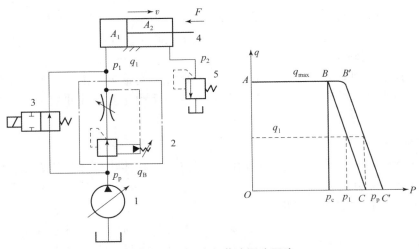

图4-7-8　容积节流调速回路

1—液压泵；2—调速阀；3—二位二通电磁换向阀；4—液压缸；5—溢流阀

这种回路结构简单，价格低廉，应用普遍，但液压缸的速度加快有限，有时仍不能满足快速运动的要求，常常要求和其他方法（如限压式变量泵）联合使用，如图 4 - 7 - 10 所示。

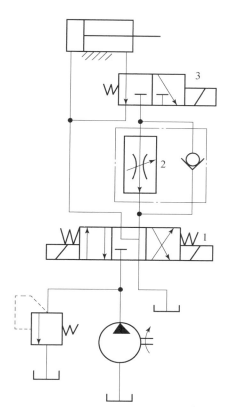

图 4 - 7 - 9　差动连接快速运动回路

1—三位四通电磁换向阀；2—调速阀；

3—二位三通电磁换向阀

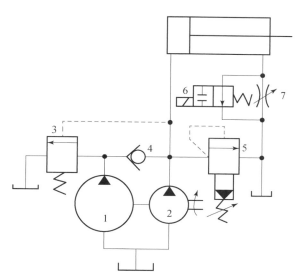

图 4 - 7 - 10　双泵供油的快速运动回路

1—低压大流量泵；2—高压小流量泵；

3—顺序阀；4—单向阀；5—溢流阀；

6—换向阀；7—节流阀

（2）双泵供油的快速运动回路。

图 4 - 7 - 10 所示为双泵供油的快速运动回路，这种回路由低压大流量泵 1 和高压小流量泵 2 组成的双联泵作为动力源。顺序阀 3 和溢流阀 5 分别设定双泵供油和小流量泵 2 单独供油时系统的最高工作压力。当换向阀 6 处于图示位置的空行程时，由于外负载很小，使系统压力低于顺序阀 3 的调定压力，两个泵同时向系统供油，液压缸无杆腔的油经阀 6 回到油箱，活塞快速向右运动。当换向阀 6 的电磁铁通电处于右位工作时，液压缸无杆腔的油经阀 6 后必须经节流阀 7 回油箱。当系统压力达到或超过顺序阀 3 的调定压力时，大流量泵 1 通过阀 3 卸荷，单向阀 4 自动关闭，只有小流量泵 2 单独向系统供油，活塞慢速向右运动，小流量泵 2 的最高工作压力由溢流阀 5 调定。这里应注意顺序阀 3 的调定压力至少比应比溢流阀 5 的调定压力低 10% ~ 20%。大流量泵 1 的卸荷减少了动力消耗，回油路效率较高。

这种回路功率利用合理，效率较高，缺点是回路较复杂，成本较高，常用在执行元件快进和工进速度相差较大的组合机床、注塑机等设备的液压系统中。

（3）采用蓄能器的快速运动回路。

图4-7-11所示为蓄能器的快速运动回路，其工作原理为当换向阀5处于中位时，液压缸停止运动，蓄能器4充液储能，充好后，阀2打开，泵卸荷；阀5左位或右位工作时，液压缸快速运动，泵和蓄能器同时供油。采用蓄能器的目的是可以用流量较小的液压泵。

（4）用增速缸的快速运动回路。

这种回路不需要增大泵的流量就可获得很大的速度，常被用于液压机的系统中，如图4-7-12所示。

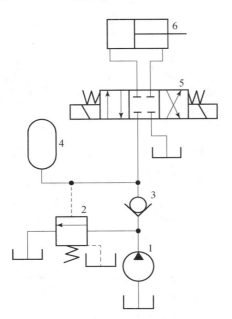

图4-7-11　蓄能器的快速运动回路

1—液压泵；2—顺序阀；3—单向阀；4—蓄能器；
5—三位四通电磁换向阀；6—液压缸

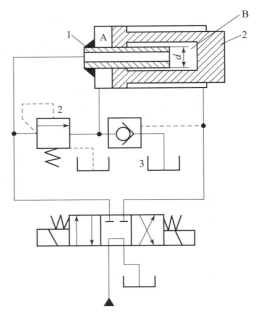

图4-7-12　增速缸的快速运动回路

1—增速缸；2—顺序阀；3—液控单向阀

3. 速度换接回路

设备的工作部件在自动循环工作过程中，需要进行速度转换。常用速度换接回路有快速与慢速的换接回路和两种慢速的换接回路两种。

（1）快速与慢速的换接回路。

图4-7-13所示为用行程阀的快慢速换接回路，在图示位置液压油经换向阀2进入液压缸3左腔，而液压缸3右腔的回油可经行程阀4和换向阀2流回油箱，使活塞快速向右运动。当快速运动到达所需位置时，活塞上挡块压下行程阀4将其通路关闭，此时液压缸3右腔的回油就必须经过节流阀6流回油箱，活塞的运动转化为工进。当操纵换向阀2使活塞换向后，压力油可经换向阀2和单向阀5进入液压缸3右腔，使活塞快速向左退回。

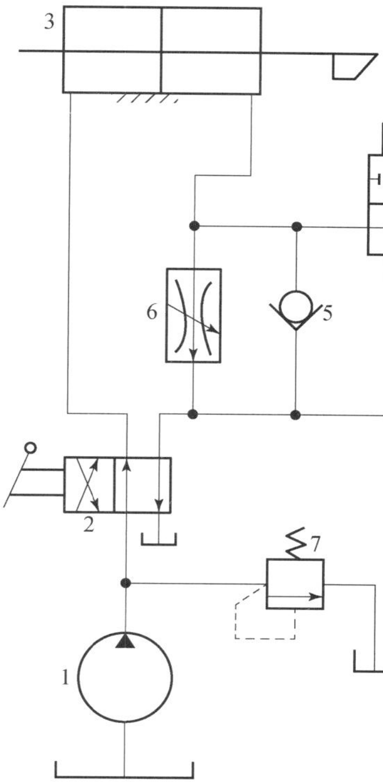

图 4 - 7 - 13　用行程阀的快慢速换接回路

1—液压泵；2—换向阀；3—液压缸；4—行程阀；5—单向阀；6—节流阀；7—溢流阀

在这种速度换接回路中，因为行程阀的通油路是由液压缸活塞的行程控制阀芯移动而逐渐关闭的，所以换接时的位置精度高、冲击量小、运动速度的转换也比较平稳，这种回路在机床液压系统中应用较多。它的缺点是行程阀的安装位置受一定限制（要有挡铁压下），所以有时管路连接稍复杂。行程阀也可以用电磁换向阀来代替，这时电磁阀的安装位置不受限制，挡铁只需要压下行程开关即可，但其换接精度及速度转换的平稳性较差。

（2）慢速与慢速的换接回路。

对于某些自动机床、注塑机等，需要在自动工作循环中变换两种以上的工作进给速度，这时需要采用两种（或多种）工作进给速度的换接回路。

图 4 - 7 - 14 所示为两个调速阀并联以实现两种工作进给速度换接的回路。主换向阀 1 在左位或右位工作时，缸做快速或快退运动，当主换向阀 1 在左位工作时，使阀 2 通电，根据阀 3 不同的工作位置，进油需经调速阀 A 或 B

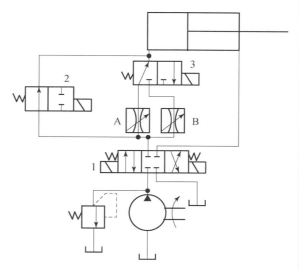

图 4 - 7 - 14　两个调速阀并联的速度换接回路

1—三位四通电磁换向阀；2—二位二通电磁换向阀；
3—二位三通电磁换向阀

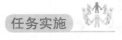

才能进入缸内，可实现第一次工进和第二次工进速度的换接。两个调速阀的节流口可以单独调节，两种速度互不影响，即第一种工作进给速度和第二种工作进给速度互相没有什么限制。但一个调速阀工作时，另一个调速阀中没有油液通过，它的减压阀口处于完全打开的位置，在速度换接开始的瞬间不能起减压作用，容易出现部件突然前冲的现象，因此它不适合在工作过程中的速度缓解，只可用于速度预选的场合。

　　图4-7-15所示为两个调速阀串联的速度换接回路。当阀1左位且阀2断开，阀3接通时，油液经调速阀A流入液压缸左腔，实现第一次工进。当YA3得电时，阀3断开，使油液经调速阀A后又经调速阀B才能进入液压缸左腔，从而实现第二次工进。但阀B的开口需调得比阀A小，即二次工进速度必须比一次工进速度低。此外，二次工进时油液经过两个调速阀，能量损失较大。

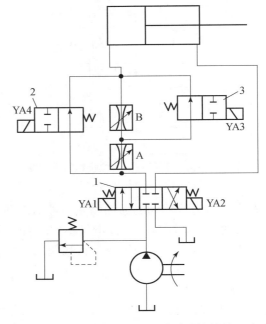

图4-7-15　两个调速阀串联的速度换接回路
1—三位四通电磁换向阀；2，3—二位二通电磁换向阀

任务实施

一、计划与决策

　　根据任务要求，组员讨论并制订工作计划，填在表4-7-1中。

> 提示：
> 充分考虑设计液动回路图、回路仿真、安装接线和运行调试等环节。

表 4 - 7 - 1　工作计划

序号	内容	负责人	完成时间

二、实施

按决策的内容实施设计、安装与调试工作，绘制液动回路图，填写数据。注重操作规范与工作效率。

（1）利用 FluidSIM 软件设计气液动回路图，并仿真调试。

（2）在表 4 - 7 - 2 中列出回路元件清单。

表 4 - 7 - 2　回路元件清单

序号	元件符号	元件名称

（3）元件的确定。

根据设计回路选择相应元件，并填入表 4 - 7 - 3 中。

表 4 – 7 – 3　元件确定

序号	元件	数量	说明

（4）安装与调试。

按设计回路图实施安装与调试工作，并将数据等参数填在表 4 – 7 – 4 中。注重操作规范与工作效率。

表 4 – 7 – 4　安装与调试数据

实施步骤	完成情况	负责人	完成时间

实施反馈：记录小组实施中出现的异常情况以及解决措施。

（5）考核评价。

考核评价表见表 4 – 7 – 5。

表 4 - 7 - 5　考核评价表

评价内容	序号	主要内容	考核要求	评分细则	配分	扣分	得分	备注
职业素养与操作规范（20分）	1	工作前准备	①清点工具、仪表、元件并摆放整齐。②穿戴好劳动防护用品	①工作前，未检查电源、仪表及清点工具、元件，扣2分。②工具、仪表等摆放不整齐，扣3分。③未穿戴好劳动防护用品，扣5分	10			出现明显失误，造成安全事故；严重违反考场纪律，造成恶劣影响的本次测试记0分
	2	"7S"规范	①操作过程中及作业完成后，保持工具、仪表等摆放整齐。②操作过程中无不文明行为，具有良好的职业操守。③独立完成考核内容，合理解决突发事件。④具有安全用电意识，操作符合规范要求。⑤作业完成后清理、核对仪表及工具数量，清扫工作现场	①操作过程中及作业完成后，工具等摆放不整齐，扣2分。②工作过程中出现违反安全规范的，扣5分。③作业完成后未清理、核对仪表及工具数量，未清扫工作现场，扣3分	10			
作品（80分）	3	绘制液压回路图	图形绘制正确，符号规范	不一致，一处扣5分	20			
	4	回路正确连接	元器件连接有序正确，无明显泄漏现象	酌情打分	30			
	5	系统运行调试，进行油路分析	系统运行评分	酌情打分	20			
	6	团队协作	与他人合作有效	酌情打分	10			
合计分数								

三、总结

（1）本次任务新接触的内容描述。

（2）总结在任务实施中遇到的困难及解决措施。

（3）综合评价自己的得失，总结成长的经验和教训。

参 考 文 献

［1］吴卫荣．气动技术［M］．北京：中国轻工业出版社，2019．

［2］张安全，王德洪．液压气动技术与实训［M］．北京：人民邮电出版社，2007．

［3］李丽霞，唐春霞．电气气动技术基础［M］．北京：化学工业出版社，2017．

［4］屈圭．液压与气压传动［M］．北京：机械工业出版社，2016．

［5］郭文颖，蔡群，闵亚峰．液压与气压传动［M］．北京：航空工业出版社，2017．

［6］张彪，李松晶．液压气动系统经典设计实例［M］．北京：化学工业出版社，2020．